父与子的编程之旅

与爸爸一起学Python

贾炜◎编著

北京大学出版社

PEKING UNIVERSITY PRESS

内 容 提 要

本书分为12个单元，通过科学、合理的结构，以亲切的笔调、活泼的对话介绍了Python编程的相关知识。用有趣的例子，借助可爱的漫画生动形象地介绍了包括变量、输入输出语句、循环语句、列表、对象等编程的基本概念。学习本书的内容，可以帮助孩子掌握计算机的思维方式，而书中可视化和以游戏为主的例子可以激发孩子的学习兴趣，培养其专注力。

本书每个单元末尾均设置有"小试牛刀"和"小小总结"板块，可以拓展读者的思维，巩固学习的知识和技能。本书是写给孩子看的Python编程书，也适合父母、老师、学生，以及想要了解计算机编程基础知识、学习Python编程技能的未成年人阅读，同时还可以作为少儿编程的教材参考用书。

图书在版编目(CIP)数据

父与子的编程之旅：与爸爸一起学Python / 贾炜编著. — 北京：北京大学出版社，2019.11
ISBN 978-7-301-30809-7

Ⅰ.①父…　Ⅱ.①贾…　Ⅲ.①软件工具—程序设计—少儿读物　Ⅳ.①TP311.561-49

中国版本图书馆CIP数据核字（2019）第215974号

书　　　名	父与子的编程之旅：与爸爸一起学Python	
	FUYUZI DE BIANCHENG ZHI LÜ：YU BABA YIQI XUE PYTHON	
著作责任者	贾　炜　编著	
责 任 编 辑	吴晓月　刘沈君	
标 准 书 号	ISBN 978-7-301-30809-7	
出 版 发 行	北京大学出版社	
地　　　址	北京市海淀区成府路205 号　100871	
网　　　址	http://www.pup.cn　　新浪微博：@北京大学出版社	
电 子 邮 箱	编辑部 pup7@pup.cn　总编室 zpup@pup.cn	
电　　　话	邮购部 010-62752015　发行部 010-62750672　编辑部 010-62570390	
印 刷 者	北京宏伟双华印刷有限公司	
经 销 者	新华书店	
	787毫米×1092毫米　16开本　12印张　226千字	
	2019年11月第1版　2024年11月第4次印刷	
印　　　数	8001-10000册	
定　　　价	49.00 元	

未来已来，您的孩子准备好了吗?

人工智能是当今社会讨论最多的话题之一，也是正在蓬勃发展的领域，未来还将给我们的生活带来很多改变。

在人工智能时代，编程是一项基础的、核心的技能，因为人工智能的实现都离不开编程。就像现代社会要求人们必须掌握计算机与互联网技能一样，在未来，不懂编程的人势必会被机器取代，被时代抛弃。

● 孩子为什么要学编程?

作为一名长期在一线从事青少年编程教育的教师，很多不了解少儿编程的家长在与我们探讨少儿编程时都会有这样的疑问 —— 为什么我的孩子要学编程? 孩子长大了又不当程序员，况且孩子还小，不适合学习编程;编程太复杂，孩子学不会;等等。这些都是家长的误区。

少儿编程被誉为"互联网时代，像语、数、外一样，每个人都应该掌握的必备技能之一"。就像 20 年前我们学习英语并不是为了以后当翻译，今天孩子学习编程也并不是为了长大后当程序员，而是为了获得一张通往未来世界的"通行证"。

孩子学习编程，是时代发展的要求。尽早让孩子学习编程，可以让他们更好地适应时代的发展。

● 孩子学习编程的好处

① 提升耐性与专注力

编程非常严谨，任何细小的错误都可能导致程序无法正常运行。所以，在编写程序的过程中需要不断地调试，直到达到预定功能，这在无形之中就会提升孩子的耐性和专注力。

② 锻炼逻辑思维能力

乔布斯说，"每个人都应该学习编程，因为它会教你如何思考"。编程就是把大问题不断分割成小问题的过程，必须去思考如何把代码合理地安排在整个程序中，让程序流畅地进行"输入→计算→输出"。通过一段时间的练习，孩子的逻辑思维能力会有明显的提升。

③ 培养抽象思维能力

学编程就是学习怎么和计算机沟通，让计算机帮助我们高效率地做事情。程序的运行都是在计算机中完成的，这个过程看不见、摸不着，因此孩子在学习的过程中，需要运用抽象思维解决问题，需要一种把抽象化为具体的能力。

④ 提升整合信息的能力

我们生活在一个信息大爆炸的时代，计算机、手机每天充斥着大量的信息，如何辨别有用的信息？怎样获取有用的信息？这时候信息的整合能力就显得尤为重要。编程，就是对计算机指令的排列组合，很像上小学时，我们先学汉字，再学成语、学造句，然后写文章一样。程序中的基本指令就是汉字和成语，最终要完成一段高质量、高可靠性的程序，则必须融会贯通，学以致用。因此，学习编程会提升孩子整合信息的能力和解决问题的能力。

综上所述，编程不仅是一种职业技能，学习编程也并非为了让孩子长大后成为程序员，让孩子学习编程已经成为一种有效锻炼和提高孩子综合能力的方式。即使对于那些对编程兴趣不高的孩子，学习和了解编程依然意义重大。

● 学编程为什么首选 Python？

首先，就 Python 语言本身而言，其语法非常简单、易懂。相较于 C++、Java 等编程语言，非常适合孩子学习。Python 支持的模块众多，功能强大，应用领域非常广泛，其他编程语言能做的 Python 都能做。目前绝大部分人工智能框架都支持 Python 语言，选择学习 Python，未来很有前途。

其次，在国家政策方面，2017 年 7 月 20 日，国务院发布的《新一代人工智能发展规划》明确提出，在我国中小学阶段设置人工智能相关课程，逐步推广编程教育。在不久的将来，编程很有可能会成为必修科目之一，而在那时已经具备编程基础知识的孩子将会较其他孩子有更大优势。

最后，我们要顺势而为，在未来的人工智能时代，对待编程的态度和编程水平无疑会决定孩子将以什么样的状态迈向未来，是一个被动的使用者，还是一个主动的创造者？

● 书中人物介绍

本书主要以父子对话的形式展开，父亲引导儿子一步步学习 Python 编程。人物角色介绍如下。

我是大头的爸爸，长期从事一线青少年编程教育工作，具有丰富的少儿编程培训经验。我有一个活泼可爱的儿子，从小就对我从事的工作很感兴趣，最近两三个月，大头让我教他 Python 编程。

我是大头，目前正在上小学三年级，对机器人和编程充满好奇，经常问爸爸一些相关问题。在爸爸的耐心教导下，经过两个月的努力，我学会了 Python 编程，现在可以设计一些简单的程序啦！编程既好玩又神奇。通过学习编程，我提高了逻辑思维能力、专注力和解决问题的能力。

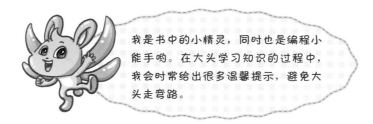

我是书中的小精灵，同时也是编程小能手哟。在大头学习知识的过程中，我会时常给出很多温馨提示，避免大头走弯路。

随书学习视频

本书为读者提供了同步的学习视频，可以扫描左下方二维码，关注"博雅读书社"微信公众号，找到"资源下载"栏目，根据提示获取，即可随时随地观看作者精心录制的同步学习视频，学习少儿编程就这么简单！

想学习更多职场技能，可以扫描右下方二维码，关注"新精英充电站"微信公众号。

资源下载   新精英充电站

目录
Contents

单元一

认识 Python 语言

大头，你已经上小学三年级了，有能力学习更多的知识。从今天开始，爸爸就当你的老师，带你一起学习一门非常有趣的计算机编程语言 —— Python。你知道什么是计算机编程语言吗？

好的，爸爸。计算机编程语言？是计算机的语言吗？

大头，说得非常好，就是计算机的语言。中国人和中国人沟通用汉语，如果你想和英国人沟通呢？你可以用英语。

爸爸，我知道了，如果我要和计算机沟通，就要用计算机编程语言，对吗？

非常对，现在我们就来一起学习这门非常有意思的计算机编程语言 —— Python。

1.1 什么是人工智能

　　在学习 Python 之前，需要先简单了解什么是人工智能。人工智能（Artificial Intelligence），英文缩写为 AI，是计算机科学的一个分支，该领域的研究包括机器人、语言识别、图像识别、自然语言处理等。简单地说，人工智能就是对人的意识和思维过程的模拟。人工智能不是人的智能，但能像人那样思考，甚至可能超过人的智能。

大头，我记得你曾经看过谷歌围棋人工智能 AlphaGo 战胜韩国棋手李世石的新闻吧，那就属于人工智能的运用范围。AlphaGo 的主要工作原理就是人工智能中的深度学习。深度学习是从机器学习中的人工神经网络发展出的新领域。早期所谓的深度学习是指超过一层的神经网络，随着深度学习的快速发展，后来其内涵已经超出了传统的多层神经网络，甚至超出了机器学习的范畴，逐渐朝着人工智能的方向快速发展。

　　人工智能的应用领域非常广泛，如自然语言处理、计算机视觉、无人驾驶汽车、个性化推荐系统等。

　　（1）自然语言处理：自然语言处理是计算机科学领域与人工智能领域中的一个重要方向。它研究能实现人与计算机之间用自然语言进行有效通信的各种理论和方法。

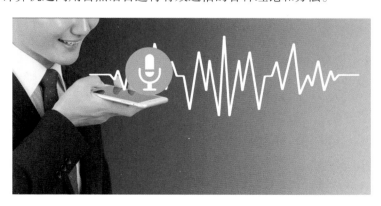

（2）计算机视觉：计算机视觉是一门研究如何使用机器"看"的科学，更进一步说，是指用摄影机和计算机代替人眼对目标进行识别、跟踪和测量等的机器视觉，并用计算机进一步做图形处理，使之呈现出更适合人眼观察或传送给仪器检测的图像。

（3）无人驾驶汽车：无人驾驶汽车是一种智能汽车，也可以称为轮式移动机器人，主要依靠车内以计算机系统为主的智能驾驶仪来实现无人驾驶。

（4）个性化推荐系统：个性化推荐系统是根据用户的兴趣和购买行为，向用户推荐其感兴趣的信息和商品，以达到精准推荐的目的。例如，我昨天在淘宝网搜索过杯子，今天当我再次打开淘宝网时，淘宝网首页就会出现很多与杯子相关的信息，这就是由淘宝的个性化推荐系统完成的。现在越来越多的网络购物平台都有类似的推荐系统，如京东、唯品会、苏宁易购等。

哇！人工智能好强大啊，我也要学习人工智能。

你的想法很好！人工智能以后很可能会取代人类现有的很多工作，所以学习人工智能技术非常有必要。

了解 Python 编程语言

大头，爸爸刚刚给你讲解了人工智能的基本概念，知道人工智能是做什么的了吗？

知道了，人工智能可以完成很多事情，例如，家里的智能音响就是人工智能，它能进行语音识别；还有手机，它可以听我说话，还可以帮我查询天气。

嗯，是的。接下来，我们就来了解一下 Python 的前世今生。Python 诞生于 1989 年，由荷兰人 Guido van Rossum（中文简称吉多）发明，是一种面向对象的解释型高级编程语言。

　　Python 语言语法简洁、易读、可扩展性强，所以国外利用 Python 进行科学计算的研究机构日益增多，一些知名大学也已经采用 Python 来教授程序设计课程。例如，卡耐基 – 梅隆大学的"编程基础"、麻省理工学院的"计算机科学及编程导论"就使用 Python 语言讲授。

　　Python 已经成为最受欢迎的程序设计语言之一，应用领域非常广泛，如科学计算、自动化运维、云计算、Web 开发、网络爬虫、数据分析、人工智能等。自从 2004 年谷歌内部开始使用 Python 以后，Python 的使用率呈线性增长。2011 年 1 月，它被 TIOBE（世界编程语言排行榜）评为 2010 年年度语言。

1.3 Python 与人工智能

爸爸，我们刚刚学习了人工智能的基本概念与 Python 语言的特点。那么，请问爸爸，它们之间有什么关系呢？

大头，你这个问题问得非常好，现在我就给你讲讲它们之间的关系。人工智能在科学领域应用广泛，可以毫不夸张地说，Python 已经成为人工智能的第一开发语言。要想学习人工智能，必须熟练使用 Python。

未来将是人工智能的时代，Python 作为人工智能的第一开发语言已是不争的事实。人工智能技术含量相对较高，而 Python 就是通向人工智能的一架"梯子"，如下图所示，要进入人工智能领域，必须利用好 Python 这架"梯子"。

1.4 编写 Python 程序

爸爸，我懂了。想要学习人工智能，必须学习 Python 编程语言。

嗯，是的。接下来，我们就来学习 Python 编程软件 —— Python IDLE。IDLE 是编写开发 Python 程序的基本环境，是初学者的最佳选择。当安装好 Python 以后，IDLE 就自动安装好了，Python 的安装可以参考本书末尾的附录 A。

在计算机【开始】菜单中，找到 IDLE 程序并运行它，你将会看到一个基于文本的命令行窗口，这个命令行窗口叫作 Python Shell。Shell 是一个窗口，它允许用户输入命令或代码，如下图所示。

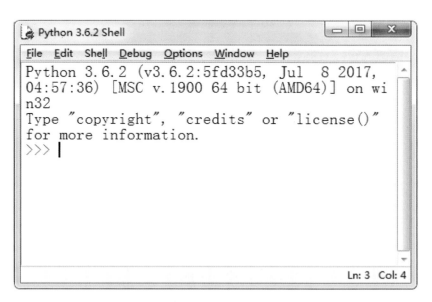

其中，">>>"叫作提示符，表示计算机已经做好准备，等待输入。这里我们输入一条新代码：print("hello,python")，如下图所示。

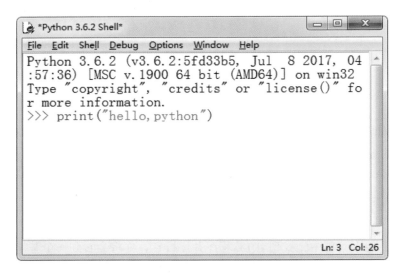

输入代码后，按【Enter】键，程序开始执行，我们会看到程序输出了一段英文：hello,python。这就是程序的执行结果，如下图所示。

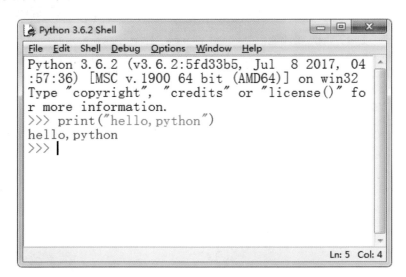

需要注意的是，Shell 窗口有一个缺陷。输入完一行程序，按【Enter】键，如果该行程序是一句完整的程序，该程序就会被执行；否则，将不会被执行。因此，Shell 窗口不适合编写多行程序。

爸爸，那怎样编写多行程序呢?

一般情况下，我们采用 Python IDLE 自带的编辑器来编写程序，在该编辑器里面，我们可以编写多行程序。下面就是使用编辑器编写程序的步骤。

第一步，在 Python Shell 窗口的左上角，单击【File】菜单，选择【New File】选项，如下图所示。

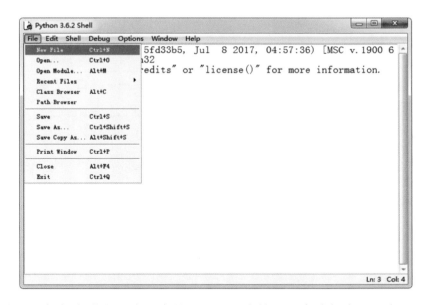

操作完成后，软件会弹出一个空白的界面，这个就是程序编辑窗口。在界面的左上角有"Untitled"字样，这是程序默认的名称，如下图所示。

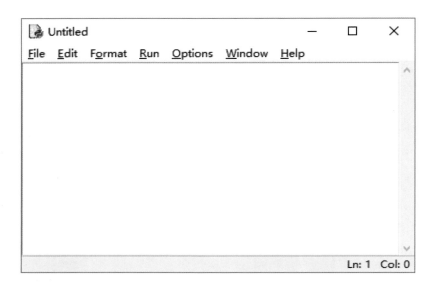

第二步，在程序编辑区编写两行相同的程序：print("hello,python")。具体内容如下图所示。

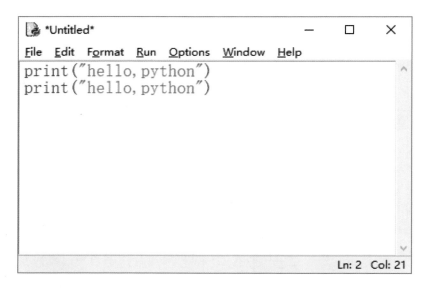

第三步，程序编写完成后，需要保存程序。在 IDLE 中，单击【File】菜单，选择【Save As】选项，如下图所示。

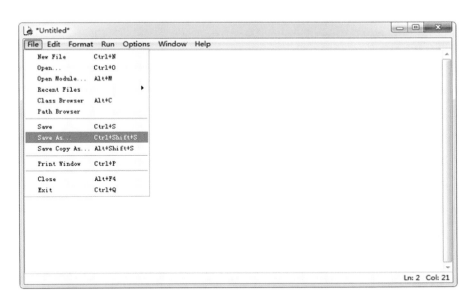

选择【Save As】选项后，软件会弹出一个新的界面，需要给保存的程序命名。在文件名输入框中输入"test1"，然后单击【保存】按钮，即可完成程序的保存，如下图所示。

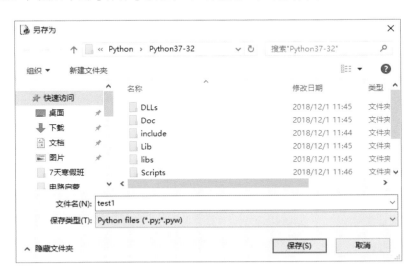

程序保存后，可以看到，界面左上角的字样已经变成我们上一步中给程序所命的名称"test1"，如下图所示。

```
test1.py - C:/Users/kidslogic3/AppData/Local...    —    □    ×

File  Edit  Format  Run  Options  Window  Help
print("hello, python")
print("hello, python")



                                                    Ln: 3  Col: 0
```

第四步，完成程序的保存后，接下来就要运行程序了。在 IDLE 中，打开【Run】菜单并选择【Run Module】选项，如下图所示。

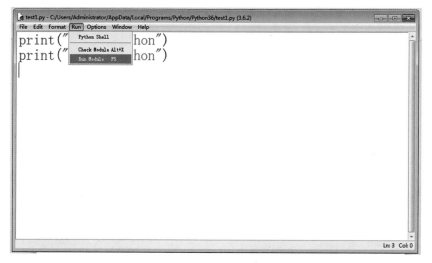

选择【Run Module】选项后，会重新弹出 Python Shell 界面，此时可以看到程序的执行结果，程序输出了两行 "hello,python"，如下图所示。

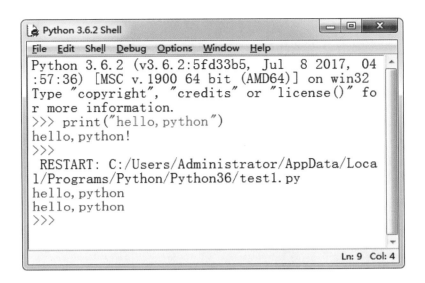

通过以上 4 步操作，我们就完成了一段 Python 程序的编写、保存与运行。是不是很简单呀？

是挺简单的。但是爸爸，我还不是很明白刚刚编写的程序的意思。

在 print("hello,python") 这句程序中，print 是 Python 语言中一个重要的函数，以后我们会经常见到，它的作用就是把后面括号里的内容输出到屏幕。

单词 print 的中文意思是打印，可以理解为把 print 后面括号中的内容 "打印" 到屏幕上。

小试牛刀

大头，今天就学到这里，在课后还需要多加练习。学习编程语言，是离不开动手练习的。下面我们就来练练手，使用 Python IDLE 编程，输出一首古诗。李白的《静夜思》你还记得吧，使用 Python 编程输出这首诗，运行程序后输出如下图所示的内容。

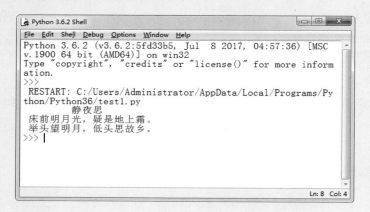

嗯，好的。我完成了，我的程序是下图显示的这样。

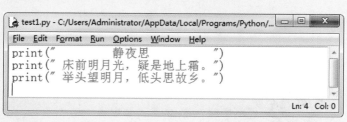

嗯，非常正确。大头，你成功地完成了第一个 Python 程序，并且掌握了 print 函数的基本用法。很棒哦！继续加油！

小小总结

第一单元就讲完了。大头，请你总结一下本单元我们都学习了哪些知识。

好的，爸爸。下面我列举一下。

1. 认识人工智能和 Python 语言。

2. 了解 Python 与人工智能的关系。

3. 使用 Python IDLE 编写和运行 Python 程序。

4. 了解 print 函数的作用和使用方法。

非常好，相信你是非常认真地学习了本单元的内容。

单元二
加减乘除样样行

在上一个单元中，我们初步了解了人工智能与 Python 编程语言，还学习了使用 Python IDLE 软件编写 Python 程序，你还记得吗？

爸爸，我记得，我们还使用 print 函数输出了李白的《静夜思》。

对。print 函数的功能就是输出。其实，通过 Python 编写程序还可以做很多事情，今天我们就来学习如何通过 Python 编程完成加减乘除运算。

加减乘除运算，我在学校已经学过了，我都会了。不过，通过计算机完成运算，我还没有试过。

计算机之所以被称为计算机，是因为它的计算能力非常强大，可以高效地完成各种复杂的运算。今天我们主要学习如何通过 Python 语言编写程序让计算机帮助我们完成运算。

2.1 加减法运算

爸爸，加减法很简单啊，我一年级就学习了，我还会加减法口诀呢。

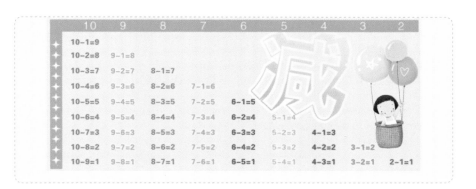

加减法是很简单，但我们要先从最基础的开始学。这一节学习通过编程让计算机帮助我们完成加减法运算。首先，我们通过一个简单的例子看看计算机算得对不对。如下图所示，在 Shell 模式下，输入程序：print(1+2)。

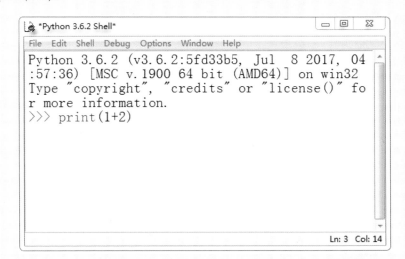

然后，按【Enter】键，运行程序，并输出结果。可以看到下图中，输出的结果为"3"，是"1+2"的正确结果。

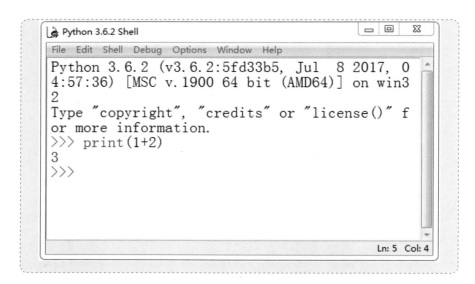

哇，计算机好聪明啊！我也要试试，我要让计算机计算"132+127"，看看计算机计算的结果是否正确。我编写的程序如下图所示。

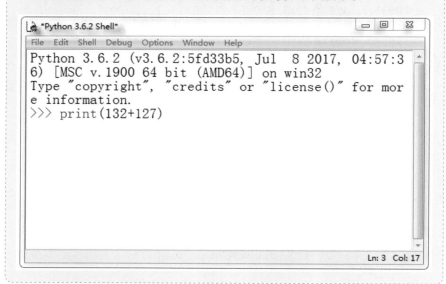

现在运行一下。结果如下图所示，没错！

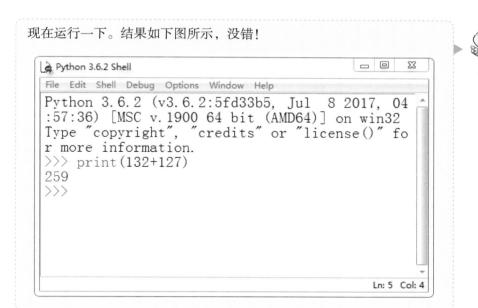

只要你给计算机编写正确的程序，计算机就可以正确地进行计算。那我们来试试减法吧，还是在 Shell 模式下，输入：print(200-100)。具体内容如下图所示。

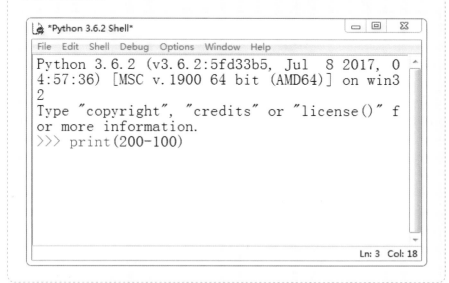

运行程序后，结果如下图所示。

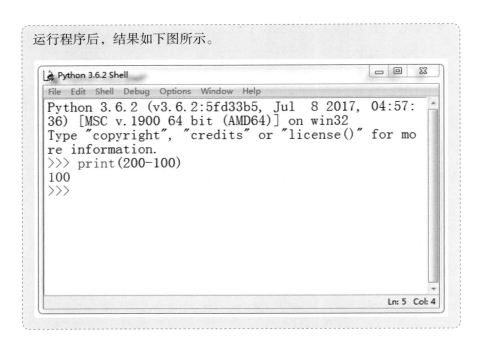

2.2 乘法运算

那么计算机也可以完成乘除法运算吗？

当然，除了上面的加减法运算，计算机还可以完成乘法与除法运算。怎样编写一段乘法运算的程序呢？首先我们需要知道计算机中的乘号是用"*"（星号）表示的，就是在键盘上与数字 8 位于同一个按键的那个符号，而不是"×"（乘号）。接下来就让计算机帮我们计算吧，编写程序如下图所示。

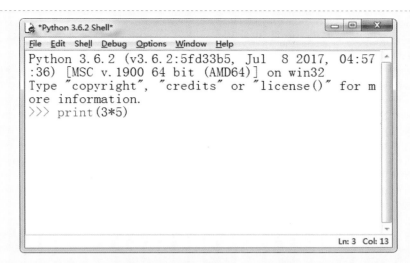

现在运行程序。可以看到结果如下图所示，程序输出为"15"，刚好是 3 乘以 5 的结果。

这样我们就让计算机完成了一个乘法运算。现在我出一个题目：二年级三班有 38 位同学，新学期开学了，每位同学有 7 本新书要发，老师安排班长 Jack 统计一下总共需要多少本书。请你编写一个 Python 程序帮助 Jack 计算一下。

嗯，这个很简单啊，就是 38 乘以 7。我的程序和运行结果如下图所示。

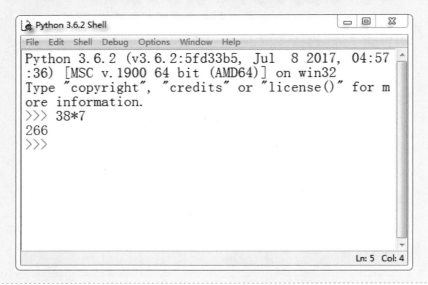

2.3 除法运算

大头，加减乘法运算都已经讲过了，你学会了吗？

嗯，学会了。利用计算机做加减法与平时用的加减符号是一样的，不过乘号不一样，乘号用的是"*"，而不是"×"。

大头，你讲得很好。那么你知道 Python 中的除法运算怎么编写吗？

这个我还不会。键盘上没有"÷"（除号），计算机的除法运算使用的应该是别的符号吧？

嗯。键盘上是没有"÷"，计算机编程中的除号是用"/"（斜杠）表示。现在你自己编程尝试进行除法运算吧。

嗯，好的。我就用刚刚的例子吧，现在总共有266本书，需要分给38位同学，通过编程计算平均每人能分多少本，我的程序如下图所示。

```
Python 3.6.2 (v3.6.2:5fd33b5, Jul  8 2017, 04:
57:36) [MSC v.1900 64 bit (AMD64)] on win32
Type "copyright", "credits" or "license()" for
more information.
>>> print(266/38)
```

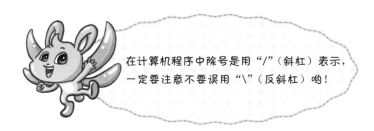

在计算机程序中除号是用"/"（斜杠）表示，一定要注意不要误用"\"（反斜杠）哟！

2.4 取余运算

 计算机除了能计算除法，还可以计算两个整数相除的余数。

爸爸，余数符号是什么呢？我想先试试看。

 取余数符号用"%"（百分号）表示，大头，你试试吧。

好的，那我计算一下 155 个苹果平均分给 10 个小朋友后，还剩几个。
我的程序如下图所示。

```
Python 3.6.2 Shell
File  Edit  Shell  Debug  Options  Window  Help
Python 3.6.2 (v3.6.2:5fd33b5, Jul  8 2017, 04:57
:36) [MSC v.1900 64 bit (AMD64)] on win32
Type "copyright", "credits" or "license()" for m
ore information.
>>> print(155%10)
5
>>>
                                         Ln: 5  Col: 4
```

 对，非常好。

2.5 输入函数 input

爸爸，我们刚刚学习了使用 Python 编程完成加减乘除及取余运算，现在我想编写一个计算器。

嗯，大头，你的想法非常好。计算器需要输入数字，所以我们还需要学习输入函数，然后才能编写出计算器。

嗯，对哦，那爸爸你快讲讲输入函数吧！

嗯，在 Python 中，我们使用 input 函数获取键盘输入。一般用法如下图所示。

```
a = input("a:")
print(a)
```

程序详解

第一行：使用 input 函数完成键盘输入，同时把键盘输入的值赋给变量 a。

第二行：使用 print 函数输出变量 a 的值。

运行程序，屏幕输出了 input 函数括号里面的内容，光标闪烁，说明在等待输入，如下图所示。

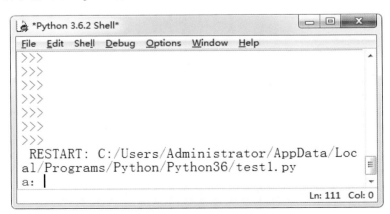

通过键盘输入数据 abc，然后按【Enter】键完成输入，立即执行下一行程序，print 函数输出了变量 a 的值，如下图所示。

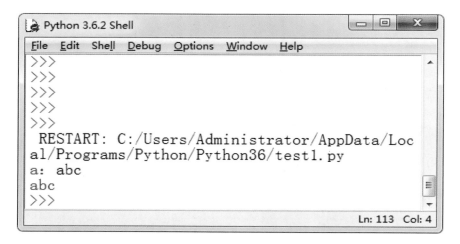

明白了，print 是输出，input 是输入。那么，可以通过 input 函数输入整数吗？

当然可以啊，需要注意的是，通过 input 输入得到的数据都是字符串，如果想要得到整数，需要使用 int 函数进行类型转换。程序如下图所示。

```
a = input("a:")
a = int(a)
print(a)
```

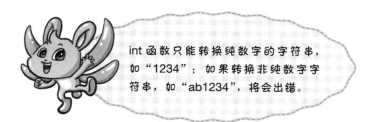

int 函数只能转换纯数字的字符串，如 "1234"；如果转换非纯数字字符串，如 "ab1234"，将会出错。

小试牛刀

今天我们学习了加减乘除和取余运算，你都会了吗？有几个地方需要注意，就是乘号、除号、取余号的使用。现在就来试一下吧！

Ketty 一家四口去餐厅吃饭，他们每人都点了一个菜，爸爸点了一份 58 元的牛排，Ketty 给自己和弟弟各点了一份意大利面，意大利面 48 元一份，妈妈胃口不太好，点了一杯 38 元的咖啡。通过 Python 编程计算 Ketty 一家一共花费多少，平均每人花费多少。

爸爸，我已经算出来了。这个题目不难啊，总共的花费是一个加法运算；总花费除以人数就是平均花费，我的程序如下图所示。

```
Python 3.6.2 Shell                                    □  ▣  ✕
File  Edit  Shell  Debug  Options  Window  Help
Python 3.6.2 (v3.6.2:5fd33b5, Jul  8 2017, 04:57
:36) [MSC v.1900 64 bit (AMD64)] on win32
Type "copyright", "credits" or "license()" for m
ore information.
>>> 58+48*2+38
192
>>> 192/4
48.0
>>>
                                               Ln: 7  Col: 4
```

结果是正确的，但是还可以完善哦！现在看看我的程序吧，这是在文本模式下编写的代码，使用了变量。

程序运行结果如下图所示。是不是感觉更加清晰明了？这里使用的变量、字符串，以及类型转换的知识，在后面的单元中我都会详细讲解。

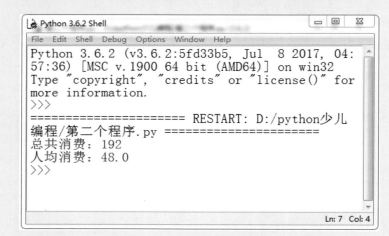

str 函数是 Python 自带的函数，作用是把其他数据类型转化为字符串类型。

小小总结

大头，第二单元爸爸就讲到这里。你来总结一下这一单元学到的知识点吧。

这一单元我们学习了使用 Python 语言完成加减乘除及取余数运算。让计算机帮助我们计算，需要注意的是，乘号是用"*"（星号）表示，除号是用"/"（斜杠）表示，取余数是用"%"（百分号）表示。最后，还学习了输入函数 input 的用法。

是的，总结得很好，使用中要特别注意除号的表示符号"/"（斜杠）与"\"（反斜杠）的区别。

单元三

判断与比较

生活中常见一种情况：如果今天下雨，我们出门就带雨伞；否则，我们就不带雨伞。这是一个常见的判断，根据是否下雨，我们选择是否带雨伞。

嗯，这样的判断随处可见。例如，如果我期末考试成绩很好，妈妈就带我去游乐场玩；否则，我只能在家学习了。是这样吗？

是的。计算机程序中也有判断，今天我们就来学习程序中的判断。

3.1 关系运算符

学习判断之前，我们应该先了解一下关系运算符。你知道什么是关系运算符号吗？

关系运算符，是不是比较两个数大小的时候需要用的，像大于号、小于号这样的符号？

是的，计算机中的关系运算符号有大于号"$>$"、大于或等于号"$>=$"、小于号"$<$"、小于或等于号"$<=$"、等于号"$==$"、不等于号"$!=$"。这些符号统称为关系运算符，用来判断两个数之间的大小关系。程序中的大于号和小于号和数学中的符号是一样的。需要注意的是，在程序中，等于号用"$==$"表示，由两个数学中的"$=$"组成；不等于符号"$!=$"由一个感叹号和一个等号组成。

嗯，程序中的符号和数学中的符号还是有很多差别的。

是的，关系运算符总共就包括这6个符号。总结一下，即大于号、大于或等于号、小于号、小于或等于号、等于号、不等于号。

3.2 True（真）和 False（假）

在上一节中，我们学习了六个关系运算符。现在我们就学习如何使用这6个关系运算符。在下面的程序中，在 Shell 模式下输入 "1>2"，然后按【Enter】键，输出结果为 "False"，就是假的意思，如下图所示，因为 "1>2" 不成立。

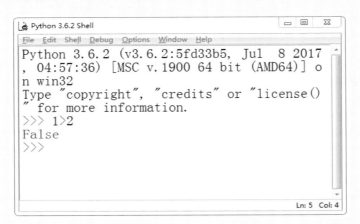

大头，如果我们在 Shell 模式下输入 "1<2"，然后按【Enter】键，输出结果应该是什么呢？你思考一下。

应该是"True","True"就是真的意思,因为"1<2"是成立的。我马上用程序验证一下,如下图所示。

```
Python 3.6.2 Shell

File  Edit  Shell  Debug  Options  Window  Help

Python 3.6.2 (v3.6.2:5fd33b5, Jul  8 201
7, 04:57:36) [MSC v.1900 64 bit (AMD64)]
on win32
Type "copyright", "credits" or "license(
)" for more information.
>>> 1<2
True
>>>
                                    Ln: 5 Col: 4
```

结果是"True"。当大小关系成立的时候,运算结果就是"True",不成立就是"False"。爸爸,是这样吗?

是的!大头真棒!在程序中,关系运算的结果只有两个。成立的结果是"True",不成立的结果是"False"。大头,你可以试试等于与不等于运算。

好的,那我试试"100 == 99"。这个是不成立的,结果应该是"False",如下图所示。

```
Python 3.6.2 Shell

File  Edit  Shell  Debug  Options  Window  Help

Python 3.6.2 (v3.6.2:5fd33b5, Jul  8 2017, 04
:57:36) [MSC v.1900 64 bit (AMD64)] on win32
Type "copyright", "credits" or "license()" fo
r more information.
>>> 100 == 99
False
>>>
                                    Ln: 5 Col: 4
```

我再试试"100 != 99"。这个是成立的,结果应该是"True",如下图所示。

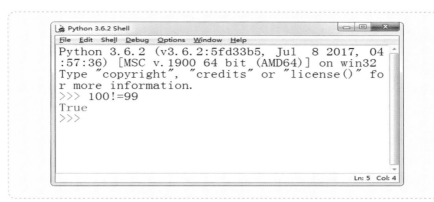

 大于或等于号、小于或等于号这两个关系运算符的用法与上面的 4 个运算符是一样的，大头，你可以自己尝试。

 3.3 如果……那么……

 在上一节中，我们已经学习了关系运算符及其用法。这一节，我们学习 Python 语言中的判断语句。

那么在 Python 程序中，怎样实现判断呢？

 嗯，这个问题问得很好。在 Python 中通过使用判断语句来实现判断功能。Python 语言中有个关键字"if"，是如果的意思。通过使用"if"，可以使程序具有判断功能。举个例子，如果考试成绩在 90 分以上，就去游乐场玩。这个程序是怎么实现呢？在文本模式下，编写程序如下。

```
a = 100
if(a > 90):
    print("去游乐场玩！")
```

运行程序，结果如下图所示。

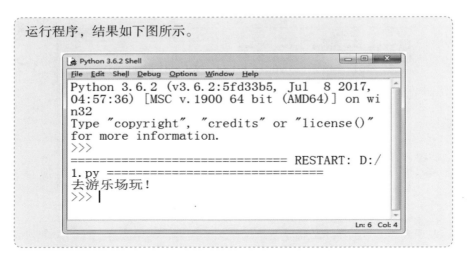

程序详解

第一行："a=100"就是把整数 100 赋值给变量 *a*。

第二行："if(a>90):"是一条 if 判断语句，if 后面的括号中是一条关系运算语句，注意 if 语句后面有个 "："（冒号）。

第三行："print(" 去游乐场玩！ ")"属于 if 判断语句内部的语句，如果满足判断条件，这行程序就会运行。很明显，变量 *a* 的值等于 100 是大于 90 的，所以这行程序运行后，输出了字符串 "去游乐场玩！"。

在上面的程序中，第三行的空格是多少个呢?

嗯，这是个需要注意的地方,if语句内部的语句，一般前面的空格为四个。

凡是属于 if 判断语句内部的语句，前面必须空格，同时，如果同一个 if 判断语句内部有多条语句，那么这些语句必须对齐。

上面的程序只实现了如果考试成绩大于 90 分，就去游乐场玩这一判断。如果考试成绩没有 90 分，则在家补习功课，怎么同时实现这个功能呢？

嗯，看下面的程序，思考一下，程序这样写行不行呢？

```
a = 100
if(a > 90):
    print("去游乐场玩！")
print("在家补习功课！")
```

嗯……不知道结果是什么，运行一下看看吧！

对，在学习的过程中，有时不知道自己写的程序对不对。这个很容易检验，把程序运行一下就知道对或不对了。运行上面的程序，结果如下图所示。

我们看到程序把两条语句都输出来了，与咱们想要的结果不一样。为什么呢？大头，你知道吗？

爸爸，你把变量 *a* 的值改成 80 看一下结果呢。

好的，把变量 *a* 的值改成 80，程序如下。

```
a = 80
if(a > 90):
    print(" 去游乐场玩！ ")
print(" 在家补习功课！ ")
```

运行结果如下图所示。

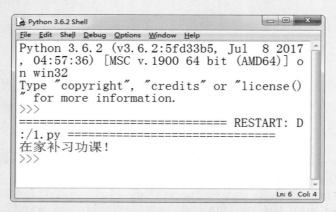

问题来了！当 *a* 的值不大于 90 的时候，程序运行结果与我们预想的一样；当 *a* 的值大于 90 的时候，程序运行结果与我们预想的不一样。学习完下一节的内容，我们就可以解决这个问题。

3.4 如果……那么……否则……

大头，我们在上一节中，学习了 if 判断语句。还记得吗？

嗯，记得。if 判断语句就是如果……那么……语句，if 语句后面的括号里是一条关系运算语句，如 "if(a>b)"，后面还要加上 "："冒号。

嗯，你记得比较牢固。if 语句可以完成简单的单个判断。但是上一节课中，我们遇到了一个问题，这一节我们学习如果……那么……否则……语句后，就可以解决啦！现在我们来学习一个关键字 "else"，"else" 就是否则的意思，例程如下。

```
a = 80
if(a > 90):
    print("去游乐场玩！")
else:
    print("在家补习功课！")
```

爸爸，是不是 if 里面的结果为 "True"，就执行 if 冒号下面的语句；如果 if 里面的结果为 "False"，就执行 else 冒号下面的语句？

对。你可以自己运行一下上面的例程。当变量 a 的值为 100 和 80 的时候，分别运行一下，看看结果吧！

如果需要用到三个及以上的判断，程序可以这样写。

```
if(a>90):
    print("1")
elif(a>80):
    print("2")
elif(a>70):
    print("3")
else:
    print("4")
```

elif 是 else 和 if 的组合缩写，意思是否则如果，后面需要加条件；else 是否则，后面不需要加条件。

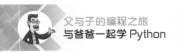

小试牛刀

大头，今天我们学习了 if…else…判断语句，现在我们就可以利用学到的知识解决生活中的常见问题。

编程试题如下：为了提倡居民节约用电，某省电力公司执行"阶梯电价"，安装一户一表的用户电价分为两个"阶梯"：月用电量 50 千瓦·时（含 50 千瓦·时）以内的，电价为 0.5 元 / 千瓦·时；月用电量超过 50 千瓦·时的，超出部分的用电量，电价上调 0.1 元 / 千瓦·时。请编写程序计算电费。格式为用户输入用电量，程序计算后，输出总电费。

好的……爸爸，我完成了，程序如下。

```
a = input("请输入用电量：")
b = int(a)
c = 0
if(b <= 50):
    c = b * 0.5
else:
    c = 50 * 0.5 + (b - 50) * (0.5 + 0.1)
print("总电费："+str(c))
```

运行程序，当输入大于 50 千瓦·时时，结果如下图所示。

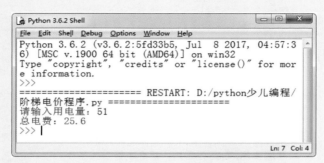

当输入小于 50 千瓦·时时，结果如下图所示。

 嗯，很好，程序运行正确。

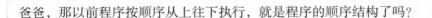

 今天主要学习了 if…else…判断语句，通过使用这条语句，我们的程序就不同于以前的顺序执行，而是具备了判断功能，选择性地执行一些语句。这就是程序的分支结构。

 爸爸，那以前程序按顺序从上往下执行，就是程序的顺序结构了吗?

 是的,Python 程序分为三大结构，分别是顺序结构、分支结构、循环结构。循环结构我们在后面的单元中会学到。接下来，大头，还是你来总结一下今天所学的知识点吧。

 好的，爸爸。今天学习了以下几个知识点。

1. 关系运算符。

2. 关系运算的两种结果：True 和 False。

3. if 判断语句。

4. if…else…判断语句。

单元四

海龟漫步

大头，今天我们学习 Python 编程第四单元。通过前面的学习，你已经掌握了基本的程序语法。总结一下前面三个单元学习的知识。

好的。

1. 输出函数：print( )。

2. 输入函数：input( )。

3. 算数运算符：加"+"、减"–"、乘"*"、除"/"、取余数"%"。

4. 关系运算符：大于号">"、大于或等于号">="、小于号"<"、小于或等于号"<="、等于号"=="、不等于号"!="。

5. 关系运算的结果：如果关系成立，结果为"True"；否则，结果为"False"。

6. 判断语句：if 和 if…else…。

总结得非常正确也很全面。有几个需要特别注意的地方，if 语句的用法是"if(a>b):"，else 的用法直接是"else:"，注意末尾都必须加冒号。有了前面三个单元的学习基础，就可以使用 Python 编程画图了，右图所示的小猪佩奇就是爸爸通过 Python 编程画的。

4.1 画一条直线

首先我们学习一个新的单词——turtle，这个单词的中文翻译是海龟，它是 Python 自带的一个画图模块，我们也可以叫它海龟模块。开始我们可以用这个模块画简单的几何图形，如三角形、多边形、圆形等。turtle 模块的功能非常强大，后面我们可以用它画一棵复杂的圣诞树，以及一些卡通人物、动物等。

那么怎样才能使用 turtle 模块画出一棵圣诞树呢？

下面先给你看看爸爸通过 turtle 模块画出的圣诞树，如下图所示。

使用 turtle 绘图非常简单，短短三条语句，即可绘制出一条直线。程序如下。

```
import turtle
p=turtle.Pen()
p.forward(100)
```

程序详解

第一行：通过关键字 import 导入 turtle 模块。因为只有导入了模块，才能使用模块中的功能。

第二行：定义一个变量 p，p 的类型是 turtle 中的 pen( )，意思是取出 turtle 模块中的画笔，p 就是指一支画笔。接下来使用画笔。

第三行：使用变量画笔 p 中的 forward 函数，该函数的功能就是使画笔向前画一段距离，在 forward 函数里面填写一个整数，画笔向前画的这段距离就等于这个整数，单位是像素点。这里将距离设为 100。

运行这段程序，结果如下图所示。画出了一条直线，还带个箭头。

原来海龟模块是这样使用的，为什么这条直线有一个箭头呢？

你观察得很仔细，这个箭头就代表海龟，箭头方向就是海龟的运动方向。也可以添加一条语句把海龟隐藏，程序如下。

```
import turtle
p=turtle.Pen()
p.forward(100)
t.hideturtle()
```

添加的这条语句很好理解，hideturtle 由 hide 和 turtle 两个单词组成，hide 是隐藏的意思，hideturtle 就是隐藏海龟的意思。运行该程序，结果如下图所示。可以看到海龟被隐藏，只剩下一条直线。

4.2 画等边三角形

刚刚学习了如何使用海龟模块画一条直线，那么如何使用海龟模块画一个等边三角形呢？大头，你先思考一下。

嗯……等边三角形由三条边组成，并且这三条边长度相等。下面的程序不对，因为三角形三条边的方向是不一样的，应该还需要一个设置海龟运动方向的函数。

```
import turtle
p=turtle.Pen()
p.forward(100)
p.forward(100)
p.forward(100)
```

分析得非常正确，等边三角形三条边长度相等，三个角大小相等。但是上面的程序确实不对，等边三角形正确的画法应该是画完一条边，向左旋转120°，然后画第二条边，再向左旋转120°，最后画第三条边。这里仍将各边的长度设为100，完整的程序如下。

```
import turtle
p=turtle.Pen()
p.forward(100)
p.left(120)
p.forward(100)
p.left(120)
p.forward(100)
```

运行程序后，结果如下图所示。可以看到一个等边三角形出现在计算机屏幕上。

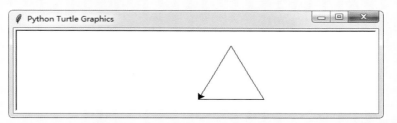

4.3 画正方形

在上一节中我们学习了使用 turtle 模块绘制一个等边三角形，程序很容易理解，先用 forward 函数画完一条边，然后用 left 函数调整海龟的运动方向，接着画另外一条边，再转向，最后画第三条边。

爸爸，为什么画等边三角形的转向是 120° 呢，等边三角形的每个角不都是 60° 吗？

 嗯，对的。等边三角形的每个角都是 60°，并且三边长度相等。这里的转向和三角形的角度有关，转向角度 120° 是通过 180° 减去 60° 得到的。

明白了。那我自己试试画正方形吧，正方形的四条边长度相等，每个角都是 90°。先画一条边，然后转向，转向角度为 180° 减去 90° 等于 90°。这里仍将各边的长度设为 100，我的程序如下。

```python
import turtle
p=turtle.Pen()
p.forward(100)
p.left(90)
p.forward(100)
p.left(90)
p.forward(100)
p.left(90)
p.forward(100)
```

运行程序后，结果如下图所示。

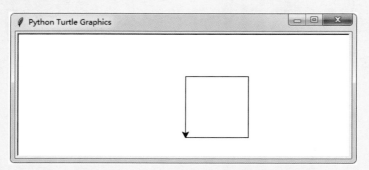

 嗯，你完成得非常好，已经基本掌握了 turtle 模块的用法。需要注意的是，在使用 turtle 模块绘制几何图形之前，我们必须清楚地知道该几何图形的边长和角度。

4.4 画圆形

在前面的两节中，我们学习了使用 turtle 模块绘制三角形、正方形。那么大头，你还会使用 turtle 模块绘制哪些几何图形呢？

爸爸，我觉得只要掌握了画直线和转向这两个函数，就可以画出好多图形，如长方形、梯形、五边形、六边形等。对了，怎样使用 turtle 模块画一个圆形呢？我觉得使用 forward 函数和 left 函数应该不行吧？

大头，你说得很好。使用 forward 函数和 left 函数可以画很多图形，但是画不了圆形，现在爸爸就再教你一个函数 ——circle 函数，专门用来画圆形和正多边形。画圆形的程序如下。

```
import turtle
p = turtle.Pen()
p.circle(100)
```

运行程序后，结果如下图所示。这样就画出了半径为 100 像素点的圆形。

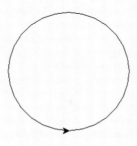

程序详解

第一行：导入 turtle 模块，因为我们要用模块里的功能。

第二行：取出画笔类型，赋值给变量 p。

第三行：调用画笔的 circle 函数，并把半径作为参数传入该函数。

上一节中，我们学过使用 forward 函数与 left 函数绘制正方形的方法。现在介绍一种更加简单的绘制正方形的方法。

是什么方法呢，是用 circle 函数吗？

是的，circle 函数也可以绘制正方形，而且更加简单，请看下面的程序。

```
import turtle
p = turtle.Pen()
p.circle(100,steps=4)
```

程序详解

第一行：导入 turtle 模块，因为我们要用模块里面的功能。

第二行：取出画笔类型，赋值给变量 p。

第三行：调用画笔的 circle 函数，并把半径作为第一个参数，把 steps = 4 作为第二个参数传入该函数。

运行程序后，窗口画出了一个正方形，如下图所示。

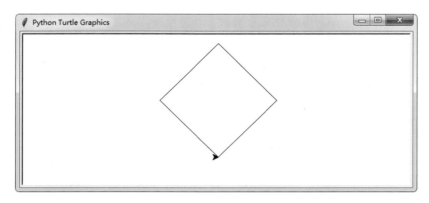

在上面的程序中，我们只需要改变 circle 函数的第二个参数就可以绘制出不同边数的正多边形。

circle(100,steps=4) 函数中的第一个参数 100，指的不是正多边形的边长，而是正多边形外接圆（连接正多边形各个角的圆）的半径。

4.5 给图形加点颜色

在我小时候，看的电视机样式如下图所示，多为黑白电视机。黑白电视机是一类只能显示黑白两色的电视机。在电视发展的早期，电视节目的录制和电视机的接收显示，都只能呈现黑白两种颜色。

只有这两种颜色，其他什么颜色都没有，太单调了，应该很无趣吧！

是很单调，我们刚刚绘制的图形线条都是黑色，是不是也很单调？能不能换成彩色的呢？答案是肯定的，下面我们就使用彩色的笔绘制一个圆形吧，这样就不会那么单调了。程序如下。

```
import turtle
p = turtle.Pen()
p.color("red")
p.circle(100,steps=4)
```

程序详解

第一行：导入 turtle 模块，因为我们要用模块里面的功能。

第二行：取出画笔类型，赋值给变量 *p*。

第三行：使用 color 设置画笔颜色，将颜色"red"（红色）作为一个字符串参数传入。

第四行：调用画笔的 circle 函数，并把半径作为第一个参数，把 steps = 4 作为第二个参数传入该函数。

运行程序后，窗口画出了外接圆半径为 100 像素点的正方形，线条颜色为红色，如下图所示。

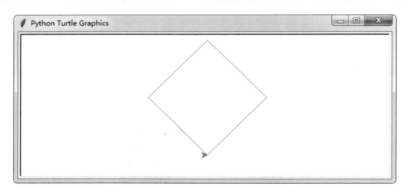

爸爸，我看到图形内部的颜色是白色，可以填充颜色吗？怎么填充呢？

图形内部是可以填充颜色的，非常简单，请看下面的程序。

```
import turtle
p = turtle.Pen()
p.hideturtle()
p.color("red","red")
p.begin_fill()
p.circle(100,steps=4)
p.end_fill()
```

程序详解

第一行：导入 turtle 模块，因为我们要用模块里面的功能。

第二行：取出画笔类型，赋值给变量 *p*。

第三行：使用 hideturtle 函数隐藏箭头。

第四行：使用 color 设置画笔颜色，把画笔颜色 "red" 作为第一个字符串参数传入，把图形内部的填充颜色 "red" 字符串作为第二个参数传入。

第五行：使用 begin_fill 函数开始填充颜色。

第六行：调用画笔的 circle 函数，并把半径作为第一个参数，把 steps = 4 作为第二个参数传入该函数。

第七行：使用 end_fill 函数结束填充颜色。

运行程序后，窗口画出了外接圆半径为 100 像素点的正方形，画笔颜色为红色，内部填充颜色也为红色，如下图所示。

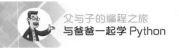
小试牛刀

大头，今天我们学习了如何使用 turtle 模块编程绘制不同形状、不同颜色的图形。你自己动手试试绘制如下的图形吧，圆的半径为 100 像素点。

这个图形由一个正方形和一个圆形组成，圆形填充为红色，正方形填充为绿色。我的程序如下。

```
import turtle
p = turtle.Pen()
p.hideturtle()
p.color("red","green")
p.begin_fill()
p.circle(100)
p.end_fill()
p.color("red","red")
p.begin_fill()
p.circle(100,steps=4)
p.end_fill()
```

完成得非常好。在绘制这个图形的时候，需要注意的是，应该先绘制大图形，后绘制小图形，这样小图形才不会被覆盖。

小小**总结**

大头，使用海龟模块绘图是不是很有趣？总结一下今天的知识点吧。

海龟模块超级有趣，以前我以为只有画图软件才能画图，没想到通过编写程序也能画图。在这一单元中，我学到了如下知识点。

1. 导入一个模块：使用 import，如 import turtle。

2. 取出画笔：使用 turtle.Pen( )。

3. 画一条直线：使用 forward 函数。

4. 画笔方向调整：使用 left 函数或 right 函数。

5. 隐藏箭头：使用 hideturtle 函数。

6. 绘制一个圆形：使用 circle 函数。

7. 设置画笔颜色：使用 color 函数，如 color("red")。

8. 图形颜色填充：使用 begin_fill 函数和 end_fill 函数。

单元五

琢磨不透的随机数

> 大头，你知道什么是随机，什么是随机数吗?

> 随机就是不确定的，随机数应该就是不确定的数字。

> 是的。例如，我随机说一个数字，我可能说 5，也可能说 80，总之是不确定的。你不知道我要说哪个数字，这就是随机数。

5.1 一个随机数

> 我们刚刚举例认识了随机数。接下来，就使用 Python 编程，让程序产生一个随机数。程序如下。
>
> ```python
> import random
> a = random.randint(0,100)
> print(a)
> ```

程序详解

第一行：通过 import 关键字导入随机数生成模块 random。因为我们需要利用 random 里面的函数产生随机数，所以必须要先导入该模块。

第二行：使用 random 模块中的 randint 函数生成一个范围在 0 到 100 之间的随机整数。0 和 100 就是 randint 的参数，然后把这个随机数赋值给变量 a。

第三行：通过 print 函数输出变量 a 的值。

运行程序，结果如下图所示。

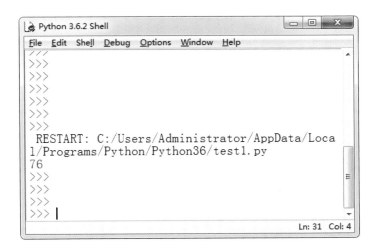

第一次运行程序输出变量 a 的值为 76 ；再次运行该程序，结果如下图所示。

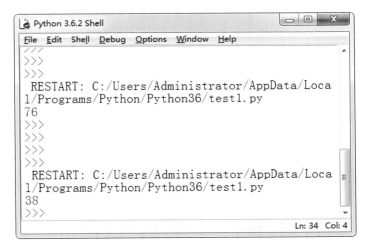

第二次运行程序输出变量 a 的值为 38。程序两次运行的结果是不确定的，这就是随机数。

爸爸，可不可以用 random 模块产生随机的负数呢？

当然可以，只需要改动 randint 函数的参数就行啦，如生成 –100 到 –90 之间的随机数：random.randint(–100,–90)。自己编程试试吧。

好。下面就是产生 –100 到 –90 之间随机数的程序。

```
import random
a = random.randint(-100,-90)
print(a)
```

第一次运行程序输出变量 *a* 的值为 –98；再次运行该程序，结果如下图所示。

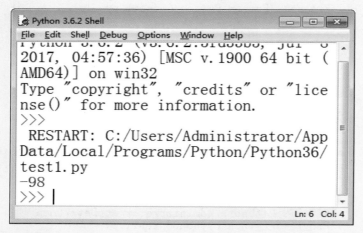

第二次运行程序输出变量 *a* 的值为 –97；再次运行该程序，结果如下图所示。

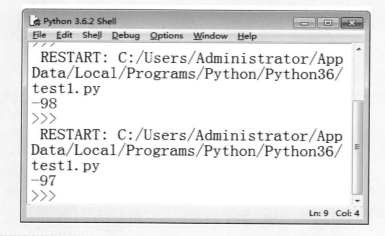

52 与电脑猜拳

刚刚我们学习了通过 random 模块获得一个随机数的方法。既然我们在学习随机数，就需要了解随机数的作用。大头，你说说什么时候会用到随机数呢？

我想想看……每次和朋友猜拳的时候，我都不知道他要出什么，这个有点像随机数。

举例非常恰当。猜拳是生活中常见的一项娱乐活动，每次出拳都是随机的，现在我们就用 Python 编写一个程序模拟猜拳。

爸爸，怎么模拟猜拳？

很简单，大头，别想太复杂。就是利用 random 模块随机生成 1、2、3 这三个数字，1 代表"石头"，2 代表"剪刀"，3 代表"布"。再结合之前学过的判断语句，就可以完成这个小游戏了。猜拳小游戏程序如下。

```python
import random
a = random.randint(1,3)
b = input("请出拳：")
b = int(b)
if(a==1):
    if(b==1):
        print("打平")
    elif(b==2):
        print("电脑赢")
    elif(b==3):
```

```
            print(" 你赢 ")
        else:
            print(" 输入错误 ")
    elif(a==2):
        if(b==1):
            print(" 你赢 ")
        elif(b==2):
            print(" 打平 ")
        elif(b==3):
            print(" 电脑赢 ")
        else:
            print(" 输入错误 ")
    elif(a==3):
        if(b==1):
            print(" 电脑赢 ")
        elif(b==2):
            print(" 你赢 ")
        elif(b==3):
            print(" 打平 ")
        else:
            print(" 输入错误 ")
```

程序详解

程序看起来比较多，其实不难。

第一行：导入 random 模块。

第二行：通过 random 模块中的 randint 函数生成一个范围在 1 到 3 之间的随机数，并把这个随机数赋值给变量 a。

第三行：通过 input 函数输入一个数据，并把该数据赋值给变量 b。

第四行：通过 int 函数把输入的数据转化为整数类型，因为变量 b 只有转化为整数类型才能与随机数 a 相比较。

第五行到第三十一行：使用 if 判断语句判断变量 a 与变量 b 的值。1 为"石头"，2 为"剪刀"，3 为"布"，请随机选择输入，按照猜拳游戏规则，输出谁胜谁负。运行程序，结果如下图所示。

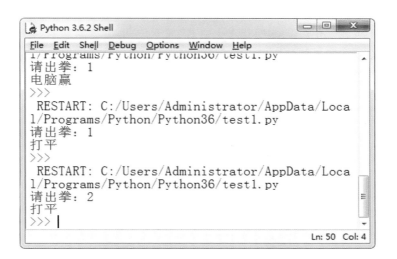

爸爸，我有一个问题，random 模块能不能随机生成固定的内容，例如，有三个字符串"石头""剪刀""布"，能不能随机生成这三个字符串中固定的一个呢？

random 模块是可以实现这样的功能的，即从一组数据中随机选出一个。通过 random.choice(("石头","剪刀","布")) 语句就可以从 ("石头","剪刀","布") 中随机选择一个。

在 random.choice(("石头","剪刀","布")) 语句中，choice 函数的参数是一个元组数据类型（一种有序的不可变的元素集合，与列表类型类似，不同之处在于元组的元素不能修改；元组使用小括号，列表使用方括号）。

爸爸，那我优化一下刚刚的程序，程序如下。

```python
import random
a = random.choice(("石头","剪刀","布"))
b = input("请出拳：")
b = int(b)
if(a=="石头"):
    if(b==1):
        print("电脑出：石头，你出：石头，打平")
    elif(b==2):
        print("电脑出：石头，你出：剪刀，电脑赢")
    elif(b==3):
        print("电脑出：石头，你出：布，你赢")
    else:
        print("输入错误")
elif(a=="剪刀"):
    if(b==1):
        print("电脑出：剪刀，你出：石头，你赢")
    elif(b==2):
        print("电脑出：剪刀，你出：剪刀，打平")
    elif(b==3):
        print("电脑出：剪刀，你出：布，电脑赢")
    else:
        print("输入错误")
elif(a=="布"):
    if(b==1):
        print("电脑出：布，你出：石头，电脑赢")
    elif(b==2):
        print("电脑出：布，你出：剪刀，你赢")
    elif(b==3):
        print("电脑出：布，你出：布，打平")
    else:
        print("输入错误")
```

运行程序，结果如下图所示。

 通过优化，程序变得更加清晰明了，也更具趣味性。

 **随机漫步**

 上面通过随机数的使用，完成了猜拳游戏的编程开发。同时，通过猜拳游戏的编程开发，我们更清晰地认识了 random 模块的编程使用方法。现在就结合前面学习的 turtle 模块与 random 随机数完成一个海龟随机漫步程序的编写。程序如下。

```
import turtle
import random
t = turtle.Pen()
s = random.randint(50,100)
t.forward(s)
a = random.randint(90,360)
```

```
t.left(a)
s = random.randint(50,100)
t.forward(s)
a = random.randint(90,360)
t.left(a)
s = random.randint(50,100)
t.forward(s)
```

程序详解

此程序和前面学过的绘制三角形的程序基本一样，只是这里把边长设为了随机数，把转向角度也设成了随机数。

第一行：导入 turtle 绘图模块。

第二行：导入 random 随机数模块。

第三行：取出画笔类型并赋值给变量 t。

第四行：生成一个数据 s 作为前进的长度。

第五行：使用画笔的 forward 函数，让海龟前进 s 个像素点。

第六行：生成一个随机数 a 作为转向角度。

第七行：使用画笔的 left 函数，让海龟左转 a 度。

如此重复三次，程序就会绘制出三条直线，并且每次运行程序后，所画出的图像都不相同。

第一次运行程序，结果如下图所示。

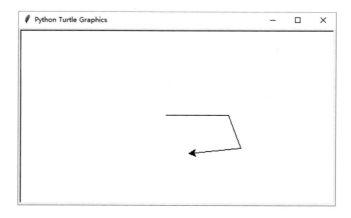

第二次运行程序，结果如下图所示。

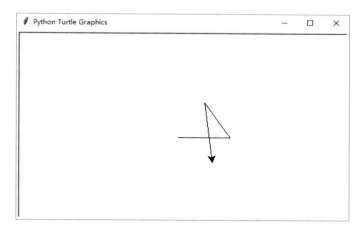

第三次运行程序，运行结果如下图所示。

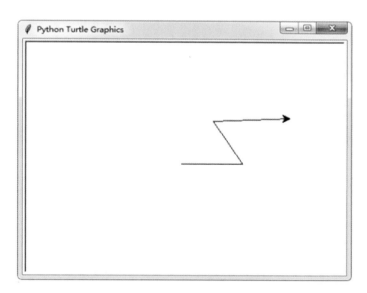

可以看出，三次运行同样的程序，结果却不同，这就是随机数的神奇之处！

小试牛刀

在前面我们学习了判断语句，以及利用 turtle 模块绘制图形。接下来我们将用这些知识完成一个小小的绘图项目。

功能要求如下。

1. 通过用户输入获得用户需要绘制的图形，例如，用户输入 3，画正三角形；用户输入 4，画正四边形。

2. 通过用户输入获得用户绘制的图形的边长，如果用户输入 0，表示边长为一个随机数（20~100），否则就把该数作为图形的边长或圆的半径。

用户需要输入两次，第一次数据作为图形的边数，第二次数据作为图形的边长。

是的，大头，赶紧动手试试吧。

好的，我的程序编写好了，程序如下。

```python
import turtle
import random
a = input("请输入边数：")
a1 = int(a)
s = input("请输入长度：")
s1 = int(s)
if(s1 == 0):
    b = random.randint(20,100)
    turtle.circle(b,steps=a1)
else:
    turtle.circle(s1,steps=a1)
```

运行程序，输入边数为 3，输入长度为 100 像素点，如下图所示。

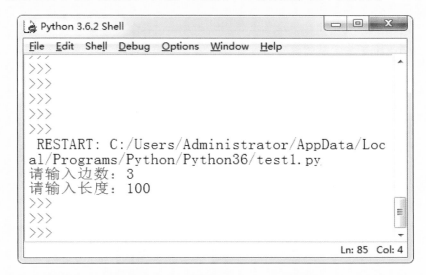

输入完成后，程序开始画图，如下图所示。

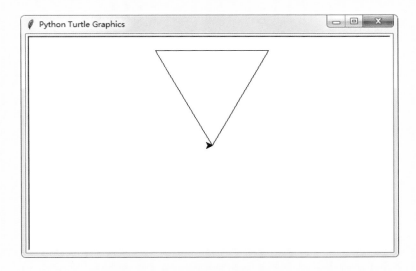

可以看出，程序绘制了一个边长为 100 像素点的正三角形。再次该运行程序，边数输入 6，边长输入 0，程序绘制的图形如下图所示。

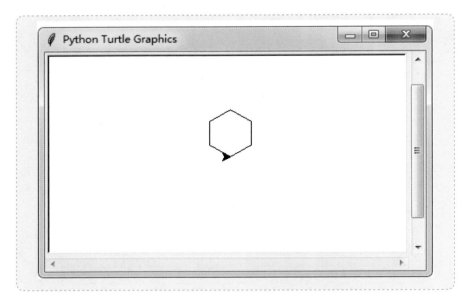

完成得非常好，在这个练习中，用到了几个知识点，海龟绘图、随机数、判断语句等，具有一定的综合性。运行同样的程序，通过不同的输入，可以得到不同的图形。

小小总结

今天使用 random 模块获得随机数，再结合前面的学习，我们能够使用 random 模块完成一些小游戏的编写开发，如猜拳游戏。通过后面循环的学习，我们还可以使用 random 编写猜数字游戏。

爸爸，刚刚我们都是通过 random 获取随机整数，那么如何使用 random 获得一个随机小数呢？

随机小数，对 random 来说，也是非常简单的。只需要使用 random.uniform(1,10) 这句程序，就可以获得一个 1 到 10 之间的随机小数。大头，课后自己试试吧。接下来，总结一下今天学习的内容。

1．随机数的概念。

2．Python 中 random 模块的用法：

产生一个随机整数 random.randint(1,10)；

产生一个随机小数 random.uniform(1,10)；

在固定的一组数据中随机选择一个数 random.choice((1,10,20))。

3．知识的综合运用：利用 turtle 模块、random 模块与判断语句编写猜拳游戏，进行随机漫步绘图。

单元六

永不休止的循环

在今天正式上课之前先讲一个故事。一天小和尚要老和尚讲一个故事，于是老和尚对小和尚说：从前有座山，山里有座庙，庙里有一个老和尚和一个小和尚。老和尚对小和尚说：从前有座山，山里有座庙，庙里有一个老和尚和一个小和尚。老和尚对小和尚说……

我听过这个故事，就是老和尚不断重复地说"老和尚对小和尚说：从前有座山，山里有座庙，庙里有一个老和尚和一个小和尚"这句话。这个故事和我们今天要学习的编程内容有什么关系呢？

你已经发现了故事的规律，这个规律就是我们今天要学习的内容，即程序的循环结构。

我们今天要学习循环，Scratch 里面有重复执行，Python 里面的循环与 Scratch 里面的重复执行是一样吗？

嗯，Python 里面的循环语句与 Scratch 里面的重复执行指令意思是一样的。能把新知识与已经学过的知识联系起来非常好，这样非常有利于新知识的理解和掌握。

6.1 循环举例

大头，通过上面的故事你已经了解了循环的含义，请你举几个生活中常见的具有循环规律的例子吧！

我每天都起床、吃饭、睡觉，每天都在重复。学校的校车每天都按时接送学生，也是每天都在重复。

是的。重复无处不在，在生活中是这样，在我们的计算机软件中也是这样。虽然重复和循环的意思差不多，但是在 Python 中一般统称为循环，循环是程序中非常重要的一个知识点，一定要理解。

6.2 有限循环

循环分为有限循环与无限循环。

爸爸，什么是有限循环呢？

有限循环就是循环次数有限，总有结束的时候。例如，循环 100 次，循环 1000 次，循环 100000 次，都是有限循环。

好的，我懂了。无限循环就是一直循环着不结束，就像太阳每天都会从东方升起西方落下一样，日复一日，永远不会停止。

嗯，暂时可以这样理解。那么在 Python 语言中，如何实现有限循环呢？在回答这个问题之前，先来看看，如何输出五行 "hello!"，程序如下。

```
print("hello!")
print("hello!")
print("hello!")
print("hello!")
print("hello!")
```

资源下载码：21225

在上面的程序中，五行程序是一样的。运行程序后，结果如下图所示。

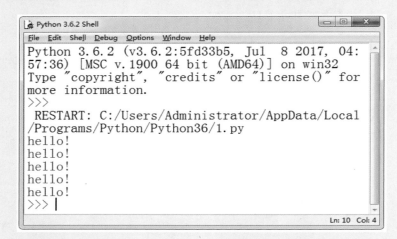

试想一下，如果想要输出 100 行 "hello!" 呢？ 1000 行呢？上面的方法可行吗？很明显，继续使用上面的方法不仅浪费时间，而且很容易出错。这个时候就必须使用循环语句，在 Python 语言中通过 for 语句来实现循环。使用循环语句优化上面的程序如下。

```
for i in range(5):
    print("hello!")
```

程序详解

运行程序后，会发现结果与上面的结果是一样的。很明显使用 for 语句更加简洁明了。for 语句的用法非常简单，一般的程序结构如下图所示。

```
for i in m:
需要循环执行的语句
```

其中 i 是一个变量，m 是一个列表或元组类型的数据，这个后面会详细介绍。暂时可以这样理解，m 中有一堆数据，i 就是从这一堆数据中逐个取值，取到了就执行循环语句，然后再取下一个值，直到 m 中的数据取完为止，这时循环也就结束了。例程如下。

```
for i in [1,2,3,5,8]:
    print(i)
```

运行程序，结果如下图所示。

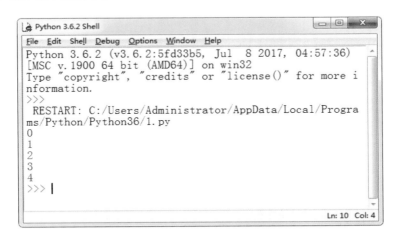

可以看到，程序依次输出了列表中的内容。再看下面的程序。

```
for i in range(5):
    print(i)
```

运行程序，结果如下图所示。

可以看出语句 range(5) 的作用就是生成一个列表：[0,1,2,3,4]。我们会在后面的单元中详细讲解列表的用法。

6.3 无限循环

在上一节中，我们学习了通过 for 语句实现程序的有限循环，其实绝大部分应用程序都是无限循环的，如微信，当我们打开微信后，微信就一直在运行，不断接收消息和监控用户操作与输入，直到我们手动关闭它。

是的，QQ 软件、酷狗音乐也是这样的，打开以后，一直在运行。

对，这里呢，就用到了无限循环的语句。在 Python 中，我们通过 while 语句实现无限循环。还举上面的例子，如果我们想要屏幕一直循环不断地输出 "hello!"，可以使用如下程序。

```python
while True:
    print("hello!")
```

运行程序，结果如下图所示。

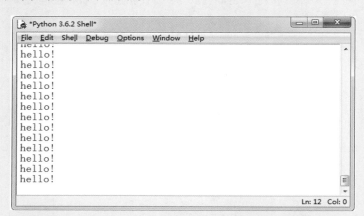

运行窗口不断在输出 "hello!"，这就是我们说的无限循环。还记得前面学习过的猜拳游戏吗？

我记得猜拳游戏，那个游戏有个缺点，就是玩一次，程序就结束了，再玩需要重新运行程序。

对，你发现了这个问题。而一般的游戏应该是用户选择退出时，游戏才结束。接下来，我们就使用无限循环优化一下猜拳游戏，程序如下。

```
import random
while True:
    print("*"*20)
    a = random.randint(1,3)
    b = input(" 请输入:")
    b = int(b)
    print(" 电脑出:"+str(a))
    if(a == 1):
        if(b == 1):
            print(" 打平 ")
        elif(b == 2):
            print(" 电脑赢 ")
        elif(b == 3):
            print(" 你赢 ")
        else:
            print(" 输入错误 ")
    if(a == 2):
        if(b == 1):
            print(" 你赢 ")
        elif(b == 2):
            print(" 打平 ")
        elif(b == 3):
            print(" 电脑赢 ")
        else:
            print(" 输入错误 ")
    if(a == 3):
        if(b == 1):
            print(" 电脑赢 ")
        elif(b == 2):
            print(" 你赢 ")
        elif(b == 3):
```

```
                print(" 打平 ")
        else:
            print(" 输入错误 ")
```

运行上面的程序。首先，软件会提示用户输入，等用户输入以后，软件
显示电脑生成的数字，最后输出猜拳结果。运行结果如下图所示。当我
们想要关闭程序时，单击窗口右上角的叉号即可。

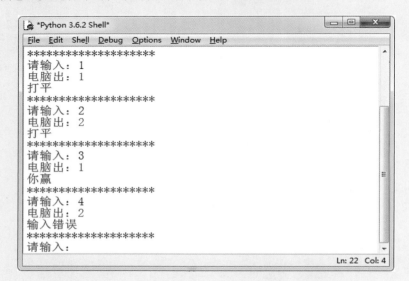

通过本单元的学习，我们掌握了在程序中如何使用循环。同时，我们也
要知道在什么情况下使用有限循环，在什么情况下使用无限循环。大头，
你知道有限循环用什么语句吗？

爸爸，有限循环使用 for 语句。例如，for i in range(10) 就是指循环执行 10 次。

对，for 语句可以实现有限循环。其实 while 语句也可以实现有限循环。用 while 语句实现有限循环的程序如下。

```
n = 5
while(n>0):
    print("hello!")
    n = n - 1
```

运行程序，程序输入五行 "hello!"，与前面学习过的 for 循环结果是一样的。

程序详解

第一行：定义一个变量 n，并设置初始值为 5。

第二行：while 语句，括号中是一条关系运算语句，如果关系运算的结果为 True，就执行 while 下面的语句，否则程序跳过 while 语句，不执行。

第三行：print 输出语句。

第四行：把变量 n 的值减去 1，然后再赋值给变量 n。

明白了，还是 for 语句更加简单，while 语句更复杂一点。

是的。在编程的时候，需要根据实际情况选择合适的语句。接下来，你自己动手开发编写一个猜数字的游戏，大概功能如下。

1. 生成一个随机数，范围在 1 到 100 之间。

2. 提示用户输入 1 到 100 之间的数据。

3. 比较随机数与用户输入数的大小关系：如果相等，则输出"恭喜你答对了！"，游戏结束；如果不相等，提示用户输入的数据偏大或偏小，让用户再次输入，直到用户输入的数与随机数相等为止。

这样应该不难……爸爸，我完成了，我的程序如下。

```
import random
a = random.randint(1,100)
```

```
while 1:
    b = input("请输入 1 到 100 的整数：")
    b=int(b)
    if(b == a):
        print("恭喜你答对了！")
        break
    elif(b < a):
        print("小了")
    elif(b > a):
        print("大了")
```

运行程序，结果如下图所示。

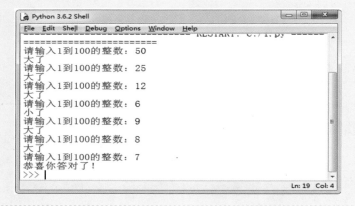

完成得非常好，这个游戏特别有意思。用户猜数字的时候，输入不同的数字，完成游戏的次数会不同。怎么才能最快得到正确数字呢？大头，你是怎样思考的？

爸爸，我觉得这样猜数字最快。第一次输入 1 和 100 的中间数字 50，如果大了，输入 1 和 50 的中间数字 25；如果小了，我就输入 50 和 100 的中间数字 75……这样循环取中间数字。

非常好，取中间数字是完成猜数字的最快方法。这个思路非常好，在生活中的很多地方都能用到。

小小总结

大头，到目前为止，我们学习了程序设计的三种基本结构，还记得吗？

今天学的是循环结构，前面学习了顺序结构和判断结构。

是的，正是这三种结构。你能说出每种结构的要点吗？

顺序结构最简单，没有什么特别的语句。判断结构包含 if 语句或 if…else…判断语句，程序选择执行某些语句。循环结构就是今天学习的部分，包含 for 语句或 while 语句。循环结构包括多次有限循环或无限循环。

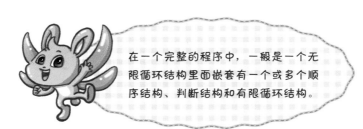

在一个完整的程序中，一般是一个无限循环结构里面嵌套有一个或多个顺序结构、判断结构和有限循环结构。

单元七
一个大容器

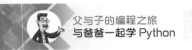

前面的章节中我们学习过变量，例如，*a*=100 的意思是把整数 100 赋值给变量 *a*，变量 *a* 相当于一个容器，里面放了数字 100。大头，我现在问你一个问题，怎么把 20 和 30 这两个整数放入变量 *a* 呢？

嗯，我思考一下……不行，一个变量里面只能放一个数据。

在学习今天的课程之前可以那样说，但学完今天的课程之后，就不能说一个变量只放一个数据了。我们今天学习一种新的数据类型 —— 列表，列表的英文单词是 list。在 *a*=100 语句中，如果说变量 *a* 是一个小容器，那么列表就是一个大容器，可以装很多数据，就好像一个班级里有很多同学。接下来，我们就来学习如何通过 Python 编程，模拟实现一个班的创建、学生数据的添加和删除、学生人数的统计等。

7.1 建立一个班

前面我们说列表就像一个班一样，建立一个班也就是创建一个列表。通过下面的程序，创建一个空列表，具体如下。

```
>>> a = list()
>>> a
[]
```

程序详解

程序是在 Shell 模式下完成的。

第一行：通过 a=list() 这一条语句，我们就完成了一个空列表的创建。

第二行：查看 *a* 中的内容。

第三行：程序输出了"[ ]"，中括号里什么内容都没有。

完成空列表的创建除了使用上面的方法，还可以使用下面的方法，程序如下。

```
>>> b = []
>>> b
[ ]
```

程序详解

程序是在 Shell 模式下完成的。

第一行：通过 b=[] 这一条语句，我们就完成了一个空列表的创建。

第二行：查看 *b* 中的内容。

第三行：程序输出了"[ ]"，中括号里面什么内容都没有。

能不能创建列表的时候，让列表里面有数据，不是空的呢？

当然可以。想要创建一个非空列表，一般采用如下程序。
```
>>> c = [100,200,300]
>>> c
[100, 200, 300]
```

程序详解

程序是在 Shell 模式下完成的。

第一行：通过 c=[100,200,300] 这一条语句，我们就完成了一个非空列表的创建。

第二行：查看 *c* 中的内容。

第三行：程序输出了"[100,200,300]"，表示里面有数据。这就完成了一个非空列表的创建。

通过上面的学习，我们完成了两个空列表 *a*、*b*、一个非空列表 *c* 的创建，也就是模拟一个班的建立。我们把这个班级取名为 *a*。

7.2 有同学插班

大头，你知道插班是什么意思吗？

插班就是这个同学原来不是我们班的学生，现在要进到我们班，成为我们班的学生。

对的。在上一节中，我们创建了一个空班级 a，里面没有学生，现在有个学生张三要插班，用程序怎么模拟呢？

就是把字符串 " 张三 " 放到列表 a 里面去吗？

是的。怎样往列表里面添加数据呢？程序如下。

```
>>> a = []
>>> a
[]
>>> a.append(" 张三 ")
>>> a
[" 张三 "]
```

程序详解

程序是在 Shell 模式下完成的。

第一、二、三行：上一节讲过，在此不再细讲。

第四行：使用 append 函数往 a 列表中添加字符串 " 张三 "。

第五行：查看类别 a 的内容。

第六行：程序输出了 "[" 张三 "]"，里面有字符串 " 张三 "，表示数据字符串 " 张三 " 已经成功加入列表 a。

我还想把字符串 " 李四 " 添加到班级 a 中，我的程序如下。

```
>>> a = []
>>> a
[]
>>> a.append("张三")
>>> a
["张三"]
>>> a.append("李四")
>>> a
["张三","李四"]
```

7.3 有学生请假

通过上一节的学习，我们掌握了如何向列表中添加数据，通过程序模拟了学生插班的情况。那么，当有学生请假没来上课时，班上就少了这位同学，那么应该怎样处理学生请假这种情况？

把列表中的数据删除，就能模拟学生请假的情况了。

你回答得非常正确，列表中不但可以添加数据，还能删除数据。就像一个班级里面，有同学插班，我们就把他加入列表；有同学请假，我们就把他从列表中删除。下面我们就通过程序演示一下，程序如下。

```
>>> a = []
>>> a
[]
>>> a.append("张三")
>>> a
["张三"]
>>> a.append("李四")
>>> a
["张三","李四"]
```

```
>>> a.append(" 王二 ")
>>> a
[" 张三 "," 李四 "," 王二 "]
>>> a.remove(" 李四 ")
>>> a
[" 张三 "," 王二 "]
```

程序详解

程序依旧是在 Shell 模式下完成的。

第一到十一行：上一节讲过，在此不再细讲。

前十二行：向列表 *a* 中添加三个字符串数据，上一节讲过，在此不再细讲。

第十三行：使用 remove 函数删除列表中的字符串 " 李四 "。

第十四行：查看类别 *a* 的内容。

第十五行：程序输出了 "[" 张三 "," 王二 "]"，里面没有字符串 " 李四 "，表示数据字符串 " 李四 " 已经成功从列表 a 中删除了。

通过上面的程序，我们成功地模拟了在 *a* 班级中有同学请假的情况。

7.4 班里有多少学生

大头，我们一般是怎么统计一个班级有多少个学生的呢？

一个一个地数。

嗯，实际生活中我们可以通过数的方式，统计班级人数。那么在程序中，如果我们想要知道一个列表的长度，即列表里面有多少个数据，用什么方法呢？

也是可以数的吧？

没错，当列表里面数据很少时，是可以数的。但是当列表中的数据非常多时，通过数的方式肯定是不行的。计算机的优势就在于运算速度极快，所以，我们应该做的就是编好程序，让计算机帮助我们完成任务。接下来，我们就编写一个程序，获取列表的长度。程序如下。

```
a = [" 张三 "," 李四 "," 王二 "," 杰克 "," 露西 "]
s = len(a)
print(s)
```

程序详解

程序是在文本模式下完成的，运行程序，结果输出 5。

前一行：创建一个非空列表，里面有五个元素。

第二行：使用 len 函数获取列表 a 的长度，并把这个长度赋值给变量 s。

第三行：输出变量 s 的值。

可以看到，通过 len 函数就可以获得列表的长度，而不需要一个一个地数。

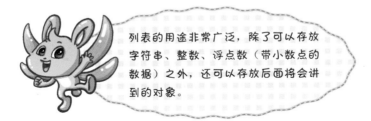

列表的用途非常广泛，除了可以存放字符串、整数、浮点数（带小数点的数据）之外，还可以存放后面将会讲到的对象。

小试牛刀

今天我们学习了一个特殊的数据类型——列表。具体学习了列表的创建、添加、删除，以及获取列表长度的函数。接下来，请自己动手编程，完成下面的任务。任务要求如下。

1. 手动输入五名同学的名字。

2. 把这些名字放入一个列表。

3. 每添加一个学生，就输出一次学生总数，直到五次添加完成。

嗯，明白了。这道题需要用到列表、有限循环。

程序如下。

```
a = []
for i in range(5):
    b = input("请输入学生名字：")
    a.append(b)
    s = len(a)
    print("学生总数："+str(s))
```

程序详解

程序是在文本模式下完成的。

第一行：创建一个非空列表。

第二行：使用一个 for in 循环语句，循环五次。

第三行：使用 input 输入语句，通过 input 语句输入学生名字，把输入的名字赋值给变量 b。

第四行：把变量 b 添加到列表 a 中。

第五行：通过 len 函数获取列表的长度，然后赋值给变量 s。

第六行：输出列表 b 的长度。

运行程序，输出结果如下图所示。

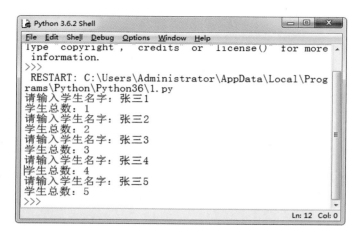

任务完成得非常好，能够熟练使用前面学习的循环语句与输入语句，继续加油！

小小总结

今天主要学习了列表，列表也是一种数据类型。接下来由你总结一下今天的学习内容吧！

好的。列表可以存放很多东西。关于列表有以下几个内容要点。

1. 列表的创建

列表的创建有两种方法，如 a=list( ) 或 a=[]。

2. 列表的添加

使用 append 函数，如 a.append(100)。

3. 列表的删除

使用 remove 函数删除列表中的数据，如 a.remove(100)。

4. 列表的长度

使用 len 函数获取列表的长度，如 s = len(a)。

你总结得非常完整，补充一点，创建非空列表的时候，我们使用 a=[100,123,88] 这种方法。

单元八
程序也有组织

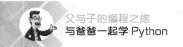

在上一单元中，我们学习了列表，列表就像我们的班级，班级里面可以有很多个学生，列表可以存放很多个数据。

嗯，列表可以存放不同类型的数据。

是的，说得很对。今天我们学习程序的组织 —— 函数。什么是函数呢？函数就是一段完成某个功能的代码集合。函数的作用就是把实现某同一功能的代码组织在一起，方便调用，减少重复代码。我们前面已经用过很多了，不过那些都是别人写好的函数，今天我们学习函数的定义方法与函数的特征。

8.1 给程序取个名字

函数就像变量一样，也是有名字的。大头，能说出两个前面学过的函数名字吗？

嗯，输入函数 input，输出函数 print。

是的，input 和 print 就是函数的名字。函数的命名规则和变量的命名规则是一样的：名字由字母、数字、下画线组成，数字不能作为开头。举个例子，程序如下。

```
print("hello1")
print("hello2")
```

```
print("hello3")
print("hello4")
print("hello5")
```

该程序的作用是输出五行，从 "hello1" 到 "hello5"。如果我们想要输出两遍从 "hello1" 到 "hello5"，应该怎样做呢？你思考一下。

嗯，复制一份程序粘贴在后面就行了。

可以，那如果是要输出 20 遍呢？难道复制 19 份程序粘贴在后面？这种方法是不对的，程序编写应该尽量简洁。我们可以定义一个函数，把这五行程序封装在函数中，程序如下。

```
def abc():
    print("hello1")
    print("hello2")
    print("hello3")
    print("hello4")
    print("hello5")
abc()
```

程序详解

程序是在文本模式下完成的。

第一行：使用 def 关键字定义一个名字为 abc 的函数，函数名字后面紧跟一个小括号"( )"，由于函数没有参数，故小括号中什么都不写。

第二到六行：使用 print 函数输出一个字符串。

第七行：调用函数，函数运行。单单定义了函数，函数中的程序是不会运行的，必须调用函数，函数中的程序才会运行。

上面的程序，就实现了函数的定义和调用。运行程序，结果如下图所示。

```
Python 3.6.2 Shell
File  Edit  Shell  Debug  Options  Window  Help
Python 3.6.2 (v3.6.2:5fd33b5, Jul  8 2017, 04:57:
36) [MSC v.1900 64 bit (AMD64)] on win32
Type "copyright", "credits" or "license()" for mo
re information.
>>>
 RESTART: C:\Users\Administrator\AppData\Local\Pr
ograms\Python\Python36\1.py
hello1
hello2
hello3
hello4
hello5
>>>
                                          Ln: 10  Col: 4
```

如果要程序输出两遍从 "hello1" 到 "hello5"，不用改动函数，只需再调用一遍函数即可。你自己动手试试吧。

好的。程序如下。
```
def abc():
    print("hello1")
    print("hello2")
    print("hello3")
    print("hello4")
    print("hello5")
abc()
abc()
```
运行程序，结果如下图所示。

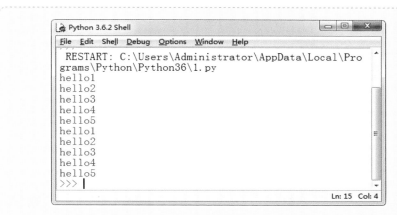

程序运行结果正确。就是说，哪里需要用到函数，在哪里调用就行了！

对的。大头，你还可以试试，不调用函数，看看结果会如何，程序如下。

```python
def abc():
    print("hello1")
    print("hello2")
    print("hello3")
    print("hello4")
    print("hello5")
```

爸爸，我运行了一下上面的程序，什么都没有输出。只定义函数，函数不会执行；只有调用函数，函数才会执行。

8.2 函数的参数

学习函数的参数之前，我们先来看看前面出现过的函数，例如，print("hello") 里面的 "hello" 就是 print 函数的参数。大头，你还记得哪些带参数的函数？

randint(1,100) 里面有两个参数 1 和 100。

很好，函数可以带一个参数，也可以带多个参数。这一节，我们一起学习如何定义一个带参数的函数。下面的程序就是定义一个带有一个参数的函数。

```
def fun(a):
    b = a * a
    print(b)
fun(2)
```

程序详解

程序是在文本模式下完成的。

第一行：使用 def 关键字定义一个名字为 fun 的函数。在函数名称后面的括号中有一个变量 a，这个 a 就是函数的参数，称为形参。

第二行：把形参 a 的平方赋值给变量 b。

第三行：输出变量 b 的值。

第四行：调用函数 fun，并传入一个整数 2 给函数 fun，这个 2 就是实参。

运行程序，输出结果为 4，即整数 2 的平方。

这里有两个新的概念，需要掌握。

1. 形参：定义函数时，给函数传的参数，是一个变量。

2. 实参：调用函数时，给函数传的参数，是一个具体的数据，可以是整数、字符串、列表等 Python 支持的数据类型。

函数的参数是非常有用的，我们可以在不改变程序的情况下，通过改变参数来改变程序的输出。还是运行上面的程序，我们传入参数 5，输出的结果就是整数 5 的平方，程序如下。

```
def fun(a):
    b = a * a
    print(b)
fun(5)
```

运行程序，输出结果为 25，即整数 5 的平方，这就是参数的主要作用。

嗯，明白了，带一个参数的函数定义还是蛮简单的，怎样定义带两个参数的函数呢？

带两个参数的函数，通过 "," 把参数隔开，如 randint(1,10)。大头，你自己动手试试，编写一个计算两个整数相加的函数。

嗯，好的。我的程序完成了，如下所示。

```
def fun(a,b):
    c = a+b
    print(c)
fun(2,9)
```

运行程序，输出结果为 11。

你完成得很好，我们编写好了一个计算两个数据的加法函数，后面碰到需要两个加法的计算，直接调用这个函数即可。例如，遇到 99 加 87，21 加 73 这样的加法，我们直接调用即可，无须重新编写加法运算的语句，这就是函数的作用！

```
def fun(a,b):
    c = a+b
    print(c)
fun(2,9)
fun(99,87)
fun(21,73)
```

8.3 函数的返回值

上一节中，我们学习了如何定义带参数的函数。本节我们将学习带返回值的函数，带返回值的函数有什么作用呢？返回值是什么呢？先来看看计算两个整数加法的函数，程序如下。

```python
def fun(a,b):
    c = a+b
    print(c)
```

fun 函数计算完两个参数的和后，通过 print 输出这个和。很多时候在程序中，我们想要得到这个和，但是不需要在程序中输出。那么我们就需要函数的返回值来返回这个和。定义一个带返回值的函数，程序如下。

```python
def fun(a,b):
    c = a+b
    return c
s = fun(3,6)
print(s)
```

程序详解

程序是在文本模式下完成的。

第一行：使用 def 关键字定义一个名字为 fun 的函数，在函数名称后面的括号中有两个形参 a 和 b。

第二行：把形参 a 和 b 的和赋值给变量 c。

第三行：使用关键字 return 返回变量 c 的值，c 的值就是函数 fun 的返回值。

第四行：把整数 3 和 6 作为实参传给函数 fun，把函数的返回值赋值给变量 s。

第五行：使用 print 函数输出变量 s 的值。

运行程序，输出结果为 9，就是 3 加 6 的结果。

函数的返回值只能是一个吗？一个函数可以返回多个值吗？

大头，问得很好。函数是可以返回多个值的。函数的返回数据应该是一个列表或元组类型的数据。下面看一个函数返回多个值的例程，如下所示。

```python
def fun():
    s = []
    for i in range(5):
        a = input("请输入学生的名字：")
        s.append(a)
    return s
a = fun()
for i in a:
    print(i)
```

程序详解

程序是在文本模式下完成的。

第一行：使用 def 关键字定义一个名字为 fun 的函数。

第二行：定义一个空列表 *s*。

第三、四、五行：使用 for 循环输入五个学生的名字，并把名字添加到列表 *s* 中。

第六行：使用 return 返回列表 *s*。

第七行：调用函数，并把函数的返回值赋值给变量 *a*，*a* 应该是一个列表类型，因为函数返回了一个列表数据。

第八、九行：使用 for in 语句遍历列表 *a*。

运行程序，结果如下图所示。

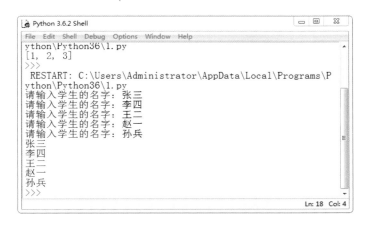

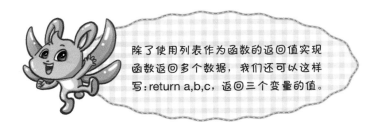

除了使用列表作为函数的返回值实现函数返回多个数据，我们还可以这样写：return a,b,c，返回三个变量的值。

小试牛刀

通过前面的学习，我们掌握了函数的定义，包括带参数的函数和带返回值的函数。函数的作用是什么呢?

前面讲过，函数的作用就是把实现某些同一功能的代码组织在一起，方便调用，减少重复代码。

是的。接下来我们就通过函数的方式把之前的猜拳游戏的程序重新优化。你可以动手练练，这里把之前的程序列出来，程序如下。

```python
import random
a = random.choice((" 石头 "," 剪刀 "," 布 "))
b = input(" 请出拳: ")
b = int(b)
if(a==" 石头 "):
    if(b==1):
        print(" 电脑出：石头，你出：石头，打平 ")
    elif(b==2):
        print(" 电脑出：石头，你出：剪刀，电脑赢 ")
    elif(b==3):
```

```
            print("电脑出：石头，你出：布，你赢")
        else:
            print("输入错误")
    elif(a==" 剪刀 "):
        if(b==1):
            print("电脑出：剪刀，你出：石头，你赢")
        elif(b==2):
            print("电脑出：剪刀，你出：剪刀，打平")
        elif(b==3):
            print("电脑出：剪刀，你出：布，电脑赢")
        else:
            print("输入错误")
    elif(a==" 布 "):
        if(b==1):
            print("电脑出：布，你出：石头，电脑赢")
        elif(b==2):
            print("电脑出：布，你出：剪刀，你赢")
        elif(b==3):
            print("电脑出：布，你出：布，打平")
        else:
            print("输入错误")
```

好的，马上优化。程序如下。

```
import random
def fun1():
    a = random.choice(("石头 "," 剪刀 "," 布 "))
    return a
def fun2():
    b = input("请出拳:")
    b = int(b)
    return b
def test(a,b):
    if(a==" 石头 "):
        if(b==1):
            print("电脑出：石头，你出：石头，打平")
```

```
        elif(b==2):
            print(" 电脑出：石头，你出：剪刀，电脑赢 ")
        elif(b==3):
            print(" 电脑出：石头，你出：布，你赢 ")
        else:
            print(" 输入错误 ")
    elif(a==" 剪刀 "):
        if(b==1):
            print(" 电脑出：剪刀，你出：石头，你赢 ")
        elif(b==2):
            print(" 电脑出：剪刀，你出：剪刀，打平 ")
        elif(b==3):
            print(" 电脑出：剪刀，你出：布，电脑赢 ")
        else:
            print(" 输入错误 ")
    elif(a==" 布 "):
        if(b==1):
            print(" 电脑出：布，你出：石头，电脑赢 ")
        elif(b==2):
            print(" 电脑出：布，你出：剪刀，你赢 ")
        elif(b==3):
            print(" 电脑出：布，你出：布，打平 ")
        else:
            print(" 输入错误 ")
while True:
    r1 = fun1()
    r2 = fun2()
    test(r1,r2)
```

大头，你完成得很好。通过函数的使用，我们的程序变得简单清晰，也更具有可读性。

小小总结

通过今天的学习，我们学会了函数的定义与使用，通过函数的使用，减少了重复代码，让程序更具有可读性。你来总结一下今天的知识点吧。

好的，今天所学知识点主要包括以下几个方面。

1. 函数的作用与函数的定义，通过关键字 def 实现，如 def fun()。

2. 带参数的函数，如 def fun(a,b)。

3. 带返回值的函数，使用关键字 return 实现。

4. 如果一个函数需要返回多个数据，把这些数据组成一个列表或元组，返回列表或元组即可。

单元九

信息的长久保存

信息是可以临时存储或长久存储的。就好像，写在黑板上的内容是可以擦除重写的，因此黑板上的内容是临时存储的；写在书本上的内容是不能擦除重写的，因此书本上的信息是长久存储的。

明白了。差别在于写在黑板上的内容可以随时擦除，而书本上的内容不能擦除，可以保存很久。

对，现阶段我们可以这样理解。计算机内的所有内容都是以文件的形式存储的，如图片、歌曲、电影等。正是因为文件在计算机中无处不在，所以程序对文件内容的读取和写入很重要。在计算机中通过文件的方式可以实现信息的长久保存。今天我们就来学习如何使用程序操作文件。

9.1 文件的建立

首先，我们学习如何通过程序建立一个新的文件。文件的建立很简单，通过下面这段程序完成。

```
f=open("file.txt","w")
f.close()
```

程序详解

第一行：在 Python 中，使用 open 函数可以打开一个已经存在的文件，或者创建一个新的文件并打开。open 函数中第一个参数为文件路径加文件名称，如程序中的"file.txt"；第二个参数为打开文件的方式，"w"表示以写入的方式打开文件。

第二行：使用 close 函数关闭文件。一般情况下，程序结束前应该关闭打开的文件。

运行程序，可以看到在程序所在的文件夹中，多了一个名为 file.txt 的新文件。文件大小显示为 0，是因为文件刚刚创建，里面没有写入任何内容。

名称 ^	修改日期	类型	大小
file	2019/2/12 20:35	文本文档	0 KB
test	2019/2/12 20:34	JetBrains PyC...	1 KB

9.2 读取文件内容

在上一节中，我们通过非常简单的两行程序就完成了文件的创建。接下来，我们学习如何通过程序读取文件中的内容。

爸爸，我们刚刚建立的是一个空文件，应该读取不到任何信息吧。

说得非常正确，刚刚建立的是一个空文件，里面没有任何内容。但是到底能不能读取到内容呢？我们可以先试试。

```
f=open("file.txt","r")
s=f.read()
print(s)
f.close()
```

程序详解

第一行：使用 open 函数，可以打开一个已经存在的文件，open 函数中第一个参数为文件路径加文件名称；第二个参数为打开文件的方式，"r"表示以读取的方式打开文件。

第二行：使用 read 函数读取文件，把读取到的内容赋值给变量 s。

第三行：使用 print 函数输出变量 s 的内容。

第四行：使用 close 函数关闭文件。

运行程序，程序没有任何输出，说明没有从文件读取到内容，因为程序读取的是一个空文件。接下来我们就打开 file.txt 文件，向里面写入内容"hello world！"，操作如下图所示。

再次运行上面的程序，结果如下图所示，可以看出程序读出了文件中的内容。

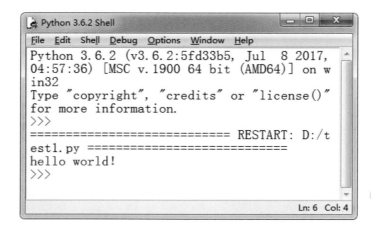

9.3 向文件写入内容

在上两节中，我们学习了如何创建一个新的文件，以及如何读取文件中的内容。在这一节中，我们将学习如何把数据写入文件，即通过文件保存信息。

这个有点像我们注册 QQ 账号的时候，输入的用户名与密码，QQ 软件也是用文件保存信息的吗？

嗯，你的前半句说对了，后半句不对。当我们注册 QQ 账号的时候，QQ 软件会保存我们的用户名与密码信息，只不过不是保存在本地电脑，而是保存在远程的 QQ 服务器上，一般是通过数据库保存，而不是文件。接下来，我们学习如何向文件中写入内容。程序如下。

```
f=open("file1.txt","w")
f.write(" 你好啊，哈哈 ")
f.close()
```

程序详解

第一行：使用 open 函数创建并打开一个文件。

第二行：使用 write 函数把内容写入文件，把要写入的内容作为参数传入 write 函数。

第三行：使用 close 函数关闭文件。

运行程序，打开 file1.txt 文件，查看文件内容，如下图所示。

 可以看到，我们通过 write 函数写入文件的内容已经存在文件中。下面自己练习一下使用文件保存用户输入的名字和密码信息，模拟 QQ 软件的注册。

好的，我知道了。很简单，有两个输入语句，用户输入自己的名字和密码，然后保存到文件中。我的程序完成了，程序如下。

```
f=open("file2.txt","w")
name = input("请输入你的名字：")
mima = input("请输入你的密码：")
f.write(name)
f.write(mima)
f.close()
```

程序详解

第一行：使用 open 函数，创建并打开文件 file2.txt。

第二、三行：使用 input 输入用户的名字与密码。

第四、五行：使用 write 函数把内容写入文件，把要写入的内容作为参数传入 write 函数。

第六行：使用 close 函数关闭文件。

运行程序，结果如下图所示。

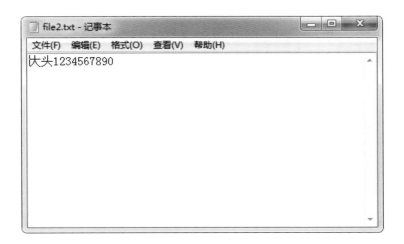

程序运行结束后，打开 file2.txt 文件，可以看到输入的信息已经保存在文件中，如下图所示。

非常好，你已经成功模拟出 QQ 账户的注册过程。但是一般情况下，我们注册账户的时候，系统都会让我们输入两次密码，必须两次密码相同，才能成功注册。

嗯。我马上优化一下我的程序。优化完毕，程序如下。

```
f=open("file2.txt","w")
name = input("请输入你的名字:")
while True:
    mima1 = input("请输入你的密码:")
    mima2 = input("请再次输入你的密码:")
    if(mima1 == mima2):
        f.write(name)
        f.write(mima1)
        f.close()
        print("注册成功! ")
        break
    else:
        print("两次输入密码不同，请重新输入 !")
```

运行程序，结果如下图所示。

```
Python 3.6.2 Shell                                    _ □ x
File  Edit  Shell  Debug  Options  Window  Help
请输入你的密码: 1234567890
>>>
========================== RESTART: D:/tes
t1.py ==========================
请输入你的名字: jack
请输入你的密码: 123
请再次输入你的密码: 124
两次输入密码不同，请重新输入!
请输入你的密码: 123
请再次输入你的密码: 123
注册成功!
>>> |
                                            Ln: 21  Col: 4
```

程序运行结束后，打开 file2.txt 文件，可以看出，用户信息已经保存在文件中，如下图所示。

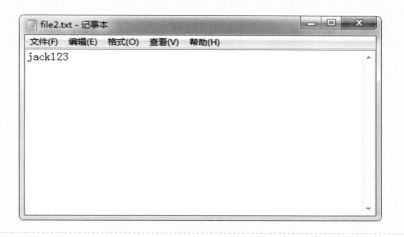

9.4 文件追加内容

在上一节中，我们学习了如何把数据写入文件，是用 write 函数完成的。你学会了吗？

嗯。我还有一个疑问。我的文件中之前是有内容的，现在通过写入的方式打开，写入新的内容后，文件之前的内容没有了，这是怎么回事呢？

是这样的，通过写入的方式，即以 open 函数中第二参数 "w" 这种方式打开文件，新的内容会覆盖之前的内容。如果想要之前的内容不被覆盖，我们可以采用追加的方式打开文件，即将 open 函数第二个参数用 "a" 表示。下面，我通过一段程序给你演示一下，程序如下。

```
f=open("file2.txt","a")
name = input(" 请输入你的名字: ")
mima = input(" 请输入你的密码: ")
f.write(name)
f.write(mima)
f.close()
```

运行程序之前，打开 file2.txt 文件，文件中的内容如下图所示。

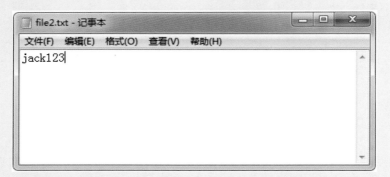

运行程序，结果如下图所示。

再次打开 file2.txt 文件，文件中的内容如下图所示，之前的内容并没有被覆盖。

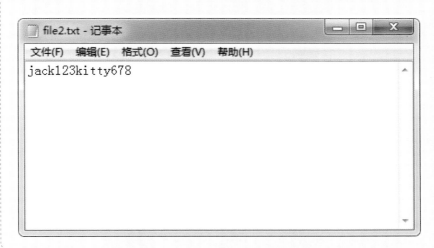

小试牛刀

这一单元的内容就讲到这里。今天我们学习了数据长久保存的方法，即通过文件的方式存储数据。在前面我们模拟了 QQ 账号的注册过程；现在，我们模拟 QQ 账号注册与登录的完整过程。功能要求如下。

1. 首先，用户选择登录或注册功能。

2. 如果用户需要注册，则用两个文件，一个保存用户名，一个保存用户密码。

3. 如果用户需要登录，则输入用户名与密码，验证是否正确。

4. 一般，用户登录时允许出现三次密码错误，三次后，退出程序。

程序编写完成，如下所示。

```python
a = input("请选择：1 注册、2 登录：")
a = int(a)
if(a == 1):
    name = input("请输入你的用户名：")
    while True:
        mima1 = input("请输入你的密码：")
        mima2 = input("请再次输入你的密码：")
        if(mima1 == mima2):
            f1=open("name.txt","w")
            f2=open("mima.txt","w")
            f1.write(name)
            f2.write(mima1)
            f1.close()
            f2.close()
            print("注册成功！")
            break
        else:
            print("两次输入密码不同，请重新输入！")
if(a == 2):
    f1=open("name.txt","r")
    f2=open("mima.txt","r")
    n = f1.read()
    m = f2.read()
    f1.close()
    f2.close()
    for i in range(3):
        name = input("请输入用户名：")
```

```
        mima = input("请输入密码：")
        if(n == name):
            if(m == mima):
                print("登录成功！")
                exit()
            else:
                print("密码错误！")
        else:
            print("用户名错误！")
print("三次错误，程序退出！")
```

应该先运行注册程序，把用户信息保存在文件中。运行程序，结果如下图所示。

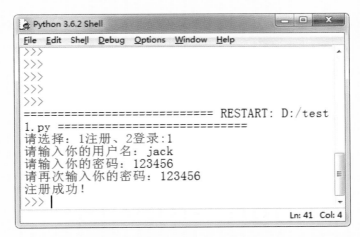

再次运行程序时，文件中已经有注册用户信息，就可以登录了。运行程序后，结果如下图所示。

```
Python 3.6.2 Shell

File  Edit  Shell  Debug  Options  Window  Help

>>>
========================= RESTART: D:/test1
.py =========================
请选择：1注册、2登录:2
请输入用户名：jack1
请输入密码：321
用户名错误！
请输入用户名：jack
请输入密码：1234
密码错误！
请输入用户名：jack
请输入密码：123456
登录成功！
>>>
                                                    Ln: 15  Col: 4
```

你完成得很好。这个程序还有可以优化的地方，例如，当用户没有注册而直接登录时，程序可以给出提示，提醒用户先注册再登录，这样就更像 QQ 账号的注册和登录了！

小小总结

这一单元就讲到这里。大头，你来总结一下今天所学的知识点吧！

好的，爸爸。今天我们主要学习了数据信息长久保存的方法，知识点如下。

1. 文件的创建与打开方法：使用 open 函数。

2. 文件的关闭：使用 close 函数。

3. 文件内容的读取：使用 read 函数。

4. 把数据写入文件中：使用 write 函数。

open 函数中有两个参数，第一个参数是文件名称，第二个参数是打开文件的方式，如果创建文件使用"w"方式，新写入内容会覆盖之前的内容，所以如果只是读取文件内容则使用"r"方式，如果需要追加文件内容则使用"a"方式。

单元十
我的零花钱我管理

大头，每年春节，家里长辈都会给你发压岁钱，都是由妈妈帮你管理，对吗？

是的，都是交给妈妈保管的，我平时需要用的时候，如需要买学习用品时，再从妈妈那里拿。

这是值得表扬的。那么大头，你每次收到长辈给的零花钱和压岁钱时，都有记录吗？

这个没有，我只记录了每次从妈妈那里拿了多少钱。

如果你能把每次收入与支出的时间、金额和使用方式都记录下来就更好了，从小养成理财的好习惯。

嗯，要是我们能开发一个记录零花钱收入与支出的软件就好了，可以用Python 开发这个软件吗？

当然可以，今天，我们就来学习如何使用 Python 开发一款零花钱管理软件。以后你管理压岁钱就更方便了。

 # 10.1 软件有哪些功能

在开发一款软件之前，我们得先确定这个软件应该具备什么功能，如果功能都不确定，就没办法开发了。大头，你认为这个零花钱软件应该有哪些功能呢？

我认为应该具有能够记录每次收入金额、收入备注，以及记录每次支出金额、支出备注的功能。

零花钱管理软件其实就是一个财务管理软件。除了你说的这些功能，还缺少收入总额的计算、支出总额的计算和总体收支情况这些功能。

对，此外还需要通过文件来保存这些数据吧？

嗯，说得很好，必须通过文件方式保存数据，这样才能够长久保存信息。

10.2 编写主菜单

在上一节中，我们梳理了零花钱管理软件的功能，现在我们就正式开始软件的开发编写。

开发这个软件第一步应该干什么呢？

你这个问题提得非常好。很多人都不知道怎么开始编写软件。在此我们可以先从主菜单的编写开始，主菜单程序如下。

```
print ("*" * 20)
print(" 小小财务管理 ")
print("1.收入添加 ")
print("2.支出添加 ")
print("3.收支详情 ")
print("4.保存信息 ")
```

```
print("5.退出系统 ")
print ("*" * 20)
```

上面的程序就是我们的主菜单，主要包括五项：收入添加、支出添加、收支详情、保存信息、退出系统。在我们学习过函数后，按照规范的写法，应该把这些语句封装在一个函数里面，通过函数封装后的程序如下。

```
def menu():
    print ("*" * 20)
    print("小小财务管理")
    print("1.收入添加")
    print("2.支出添加")
    print("3.收支详情")
    print("4.保存信息")
    print("5.退出系统")
    print ("*" * 20)
```

把这些功能封装在函数里后，在需要的地方，调用该函数即可。调用该函数，可以看到程序输出如下图所示。

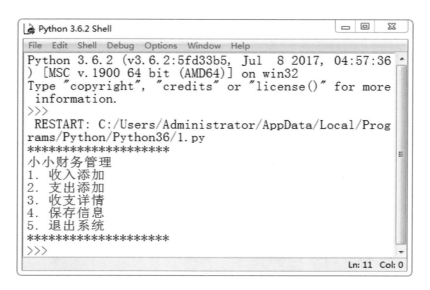

在运行结果中，我们可以看到程序输出了主菜单选项，然后就结束了。正常来说，程序输出主菜单选项后，应该等待用户输入数字，选择相应功能。这个功能非常像生活中常见的ATM（自动取款机）的操作方法。

原来是这样，软件的结构我知道，就是根据用户输入的数字调用相关函数。

对，大头，你来完成用户输入的程序吧！

好的。我的程序完成了。

```python
def f1():
    pass
def f2():
    pass
def f3():
    pass
def f4():
    pass
def f5():
    pass
def menu():
    while(1):
        print ("*" * 20)
        print(" 小小财务管理 ")
        print("1.收入添加 ")
        print("2.支出添加 ")
        print("3.收支详情 ")
        print("4.保存信息 ")
        print("5.退出系统 ")
        print ("*" * 20)
```

```
        a = int(input(" 请输入 1 到 5 选择功能 :"))
        if(a==1):
            f1()
        elif(a==2):
            f2()
        elif(a==3):
            f3()
        elif(a==4):
            f4()
        elif(a==5):
            f5()
menu()
```

程序详解

第一到十行：定义了五个函数，分别是 f1、f2、f3、f4、f5。

第十一行：定义了主菜单函数。

第十二到三十一行：编写主菜单内容。

第三十二行：调用主菜单函数。

运行程序，首先程序输出主菜单内容供用户选择，然后等待用户输入相应数字，最后根据用户输入的数字执行相应的函数。这就是我们小小财务管理软件的基本框架，后面我们再对函数进行完善即可。

你做得非常好，不但完成了用户输入的程序，还把程序的框架搭建好了。在后面的学习中，我们只需要一步步实现从 f1 到 f5 这五个函数就可以了。

⑩.③ 我的收入怎么加

在上一节中，我们把小小财务管理软件的基本框架搭建好了，在这一节中，我们一起来完成收入添加功能。

收入怎样添加呢，是用一个小数保存吗？

嗯，对的。小数也称为浮点类型数据。先别着急写程序，我们先看看程序应该采用怎样的数据结构来保存数据，这个非常重要。在前面的章节中，我们学习列表、元组、字符、整型变量等。在小小财务管理软件中，我们应该怎么选择呢？你思考一下。

收入应该包括金额、日期、备注这些信息，用列表吗？

不是列表，爸爸再教你一个新的数据类型 —— 字典。字典和列表类似，也可以存储任意的数据类型。字典以键值对的方式存放数据，如{"name":"jack"} 中，"name" 和 "jack" 就是一个以 "name" 为键，"jack" 为值的键值对。一个字典中，可以存放多个键值对。

肯定用字典存放收入信息。

对，每一笔收入就是一个键值对，一个字典就够存放所有的收入信息。字典是使用 "{}"，添加非常简单，如 a={} 就创建好了一个字典，a["age"]=10，这样就为字典 a 添加了一个以 "age" 为键，10 为值的键值对。前面程序框架已经搭建好了，我们现在只需要实现 f1 函数，你来动手实现一下。

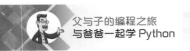

我完成了，程序如下。

```python
def f1():
    in_info={}
    in_name = input("请输入收入备注：")
    in_sum = input("请输入金额：")
    in_info[in_name] = in_sum
    print ("收入添加成功")
```

运行完整的程序，结果如下图所示。

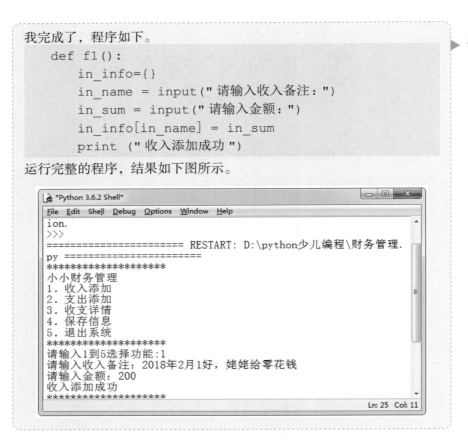

 10.4 我的支出放哪里

在上一节里，我们通过一个字典存放收入信息，同样，我们也可以使用另外一个字典存放支出信息。大头，你自己试试看。

嗯，支出添加和收入添加的程序是一样的，只需要稍作修改，我的程序如下。

```
def f2():
    out_info={}
    out_name = input("请输入支出备注：")
    out_sum = input("请输入金额：")
    out_info[out_name] = out_sum
    print ("支出添加成功")
```

对的，f2 函数与 f1 函数基本是一样的。运行程序，结果如下图所示。

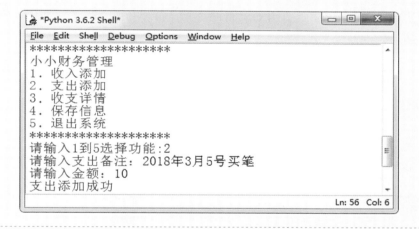

10.5 收支平衡怎么算

大头，我们通过 f1 和 f2 两个函数完成了收入与支出功能的添加。那么我们怎么计算收支是否平衡呢？

如果总收入大于总支出，就是收入有余；如果总收入小于总支出，就是亏损；如果总收入刚好等于总支出，就是收支平衡。

嗯，是的。收支是否平衡就是这样计算的。但是，我们的收入与支出信息都是用字典来保存的，当我们关闭软件时，所有的信息都会丢失。

我们需要把存放信息的字典放入文件中，这样就可以长久保存，关闭软件也不怕丢失。

是的，我们需要在程序开始运行的时候，打开文件，读取内容，程序如下。

```python
qian = [[],[]]
a = 10
def menu():
    global qian
    global a
    try:
        file = open("财务管理系统 .txt","r")
        content = file.read()
        qian = eval(content)
        file.close()
    except:
        pass
```

程序详解

第一行：定义了一个列表变量 qian，里面有两个空列表，第一个列表放收入信息，第二个列表放支出信息。

第二行：定义了一个全局变量 a，用来接收用户输入。

第三行：定义了主菜单函数 menu( )。

第四、五行：使用 global 声明全局变量表示该变量是在函数外部已经定义过的变量，而不是新定义的变量。

第六到十二行：使用 try 语句，把有可能发生错误的语句放到 try 语句里面，这样可以保证在发生错误时，程序不崩溃。

小试牛刀

大头，我们的小小财务管理软件还有保存信息与退出系统这两步没有完成，要不，你自己试试吧！

好的，把前面完成的程序放到一起，完整程序如下。

```python
#conding="utf-8"
import os
qian = [[],[]]
a = 10
def menu():
    print ("*" * 20)
    print(" 小小财务管理 ")
    print("1. 收入添加 ")
    print("2. 支出添加 ")
    print("3. 收支详情 ")
    print("4. 保存信息 ")
    print("5. 退出系统 ")
    print ("*" * 20)
    try:
        global a
```

```
        a = int(input("请输入 1 到 5 选择功能:"))
    except Exception:
        print ("输入有误,请重新输入")
def fun1():
    global qian
    in_info={}
    in_name = input("请输入收入备注:")
    while True:
      in_sum = input("请输入金额:")
      try:
        in_info[in_name] = int(in_sum)
      except Exception:
        print ("输入有误,请重新输入")
      else:
        qian[0].append(in_info)
        print ("收入添加成功")
        break
def fun2():
    global qian
    out_info={}
    out_name = input("请输入支出备注:")
    while True:
      out_sum = input("请输入金额:")
      try:
        out_info[out_name] = int(out_sum)
      except Exception:
        print ("输入有误,请重新输入")
      else:
        qian[1].append(out_info)
        print ("支出添加成功")
        break
def fun3():
    global qian
```

```
        s1 = 0
        s2 = 0
        print("~~~~~ 收入详情 ~~~~~")
        for i in qian[0]:
            for j in i.items():
                print(j)
                s1+=j[1]
        print("~~~~~ 支出详情 ~~~~~")
        for i in qian[1]:
            for j in i.items():
                print(j)
                s2+=j[1]
        print("*-"*10)
        print(" 总收入：  "+str(s1))
        print(" 总支出：  "+str(s2))
        print(" 总结余：  "+str(s1-s2))
def fun4():
    stu_file = open(" 财务管理系统 .txt", "w")
    stu_file.write(str(qian))
    stu_file.close()
    print (" 信息已经保存 ")
def test1():
    global qian
    global a
    try:
        file = open(" 财务管理系统 .txt","r")
        content = file.read()
        qian = eval(content)
        file.close()
    except:
        pass
    while True:
        menu()
```

```
        if a == 1:
            fun1()
        elif a == 2:
            fun2()
        elif a == 3:
            fun3()
        elif a == 4:
            fun4()
        elif a == 5:
            print ("退出系统")
            break
        else:
            print ("输入有误")
    test1()
```

非常好!

小小总结

大头，今天我们完成了一个小小财务软件的开发编程。快分享你的收获吧!

好的，收获挺多的。这个软件的程序很多，一开始觉得很复杂，当程序结构搭建好了以后，就发现其实很简单，只需要完成每个功能函数的编写即可。

嗯，是的。一般在完成一个功能比较复杂的项目后，我们应该先分析程序的功能结构、搭建程序的框架。你来说说小小财务管理软件的结构框架吧！

好的。整个程序是一个循环结构，接收用户输入信息；同时也是判断结构，根据用户的输入，执行相对应的函数。

是的。一般的程序都是循环结构里嵌套着多个判断结构。

单元十一

面向对象编程很简单

大头，在上一单元中，我们完成了零花钱管理软件的编程开发，里面涉及很多的 Python 知识，要好好掌握。前面十个单元，我们学习了 Python 的基础语法和程序的基本结构。今天我们学习 Python 编程的高级知识——面向对象编程。

嗯，爸爸，你之前说过 Python 是面向对象的编程语言。

是的。Python 是一门面向对象的编程语言。面向对象的编程语言除了 Python 外，还有 Java，C++ 等。

爸爸，C 语言也是面向对象的编程语言吗？

C 语言不是面向对象的，C 语言是面向过程的编程语言。

11.1 何为面向对象

爸爸，你说 Python 是面向对象的编程语言，那么到底什么是面向对象呢？面向对象和面向过程有什么不一样吗？

问得非常好，面向对象是一种思想，是相对于面向过程而言的。就是说，面向对象是功能通过对象来实现，将功能封装进对象中，让对象去实现具体的细节；这种思想是以数据为第一位，而把方法或者说是算法作为其次，这是对数据的一种优化，操作起来更加方便，简化了过程。面向过程就是分析出解决问题所需要的步骤，然后用函数把这些步骤一步步实现，使用的时候依次调用就可以了；面向对象是把构成问题的事务分解成各个对象，建立对象不是为了完成一个步骤，而是为了描叙某个事务在整个解决问题的步骤中的行为。

爸爸，面向对象的编程语言有什么特征呢？

有三大特征：封装性、继承性、多态性。这些以后都会详细讲解的。

11.2 如何创建一个类

刚刚说了，面向对象是一种思想，是功能通过对象来实现，将功能封装进对象中，让对象去实现具体的细节。对象是由类派生出来的，也可以说对象是类的实例化。那么什么是类呢？

我思考一下……Python 里面的类，和我们平时所说的人类、鱼类是一样的吗？

是的。接下来，我们就可以用 Python 编程模拟一个人类。在 Python 中，我们使用 class 关键字来创建一个新类，class 后面为类的名称，并以冒号结尾，程序如下。

```
class Human:
    pass
```

在上面的程序中，我们就创建了一个类，类的名字是 Human。该类没有任何内容。这样一个没有任何内容的类是没有任何意义的。一般类是具备一定功能的，这些功能通过类的属性与方法实现。下面我们就学习如何给类添加属性与方法。

11.3 类的属性与方法

大头，上一节我们学习了使用 class 关键字创建一个类。现在我们就为刚刚创建的类添加属性与方法。

爸爸，什么是属性呢?

类的属性，就是类本身具备的一些数据，就像人类有名字、年龄一样。现在我们就为 Human 类添加属性。程序如下。

```
class Human:
    def __init__(self, name,age):
        self.name = name
        self.age = age
```

程序详解

第一行：使用 class 关键字创建一个名为 Human 的类。

第二行：定义一个函数，函数名为 __init__，这是系统默认的函数。函数带有三个参数，第一个参数 self 是固定的，不可改变；第二个参数是 name；第三个参数是 age。

第三行：把形参 name 的值赋给属性 name。

第四行：把形参 age 的值赋给属性 age。

上面的程序是比较灵活的写法，通过参数的形式把属性值传给属性。

爸爸，那还有其他的写法吗?

当然有，我们可以不用参数，直接给属性赋值，程序如下图所示。

```
class Human:
    def __init__(self):
        self.name = "jack"
        self.age = 9
```

程序详解

第一行：使用 class 关键字创建一个名为 Human 的类。

第二行：定义一个函数，函数名为 __init__，这是系统默认的函数。函数带有一个参数 self，是固定的，不可改变。

第三行：把字符串 "jack" 的值赋给属性 name。

第四行：把整数 9 的值赋给属性 age。

通过上面的两段程序就可以完成 Human 类属性的添加。

爸爸，那怎么给类添加方法呢？

不着急，大头，接下来，我们就一起学习怎么给 Human 类添加方法。首先，问你一下，什么是类的方法？你知道吗？

类的方法？是不是完成某一功能的方法呢？

不是很准确。类的方法，就是类本身具备的一些功能，例如，人类可以说话、走路，可以理解为是类具备的功能。现在为 Human 类添加两个方法，程序如下。

```
class Human:
    def __init__(self,name,age):
        self.name = name
        self.age = age
    def talk(self,str1):
```

```
            print("talking: ",str1)
    def  walk(self):
            print("walking")
```

程序详解

第一行：使用 class 关键字创建一个名为 Human 的类。

第二到四行：定义一个函数，函数名为 __init__，在这个函数中，我们添加了两个类属性。

第五、六行：定义一个类方法，方法名为 talk。

第七、八行：又定义一个类方法，方法名为 walk。

11.4 对象的创建

大头，刚刚我们学习了如何创建一个类，以及为类添加属性和方法。我们前面也说了 Python 是面向对象的编程，面向对象的编程离不开对象，那么，怎么创建对象呢？

对象和类有什么关系呢？

类是对象的抽象，而对象是类的具体实例。现在就用 Human 类来创建一个对象，程序如下。

```
class Human:
    def  __init__(self,name,age):
        self.name = name
        self.age = age
    def  talk(self,str1):
        print("talking: ",str1)
```

```
        def  walk(self):
            print("walking")
p1 = Human("xixi",20)
print(p1.name)
print(p1.age)
p1.walk()
```

程序详解

第一到八行：定义 Human 类。

第九行：使用 Human 类实例化（创建）一个对象，对象名为 p1，传入实参字符串 "xixi" 和整数 20。

第十行：使用 print 函数输出对象 p1 的 name 属性的值。

第十一行：使用 print 函数输出对象 p1 的 age 属性的值。

第十二行：调用对象 p1 的 walk 的方法。

嗯，想要实例化一个对象必须要先创建一个类，对象是具体的，类是抽象的。

小试牛刀

大头，今天的学习就到这里。下面呢，我们就来创建一个动物类。属性至少应包含动物名字、动物年龄、动物的外表颜色，方法至少应包含动物吃东西、动物发声、动物走路。你来试试吧！

好的。那我创建一个猫类吧。爸爸，我完成了，我的程序如下。

```python
class Cat:
    def __init__(self,name,age,color):
        self.name = name
        self.age = age
        self.color = color
    def talk(self):
        print("喵喵...")
    def walk(self):
        print("walk...")
    def eat(self):
        print("eat...")
cat1 = Cat("豆豆",2,"black")
print(cat1.name)
print(cat1.age)
print(cat1.color)
print(cat1.talk())
```

运行程序，结果如下图所示。

```
Python 3.6.2 Shell                                    □  ▣  X

File  Edit  Shell  Debug  Options  Window  Help

Python 3.6.2 (v3.6.2:5fd33b5, Jul  8 2017, 04:57
:36) [MSC v.1900 64 bit (AMD64)] on win32
Type "copyright", "credits" or "license()" for m
ore information.
>>>
============================ RESTART: F:/1.py
============================
豆豆
2
black
喵喵...
None
>>> |
                                        Ln: 10  Col: 4
```

小小总结

这一单元讲到这里。大头，你总结一下本单元我们都学习到了哪些知识。

好的，爸爸。
1. Python 是面向对象的编程语言。
2. 使用 class 关键字创建类。
3. 类的属性应该在 __init__ 函数中添加。
4. 类的方法就是一个函数，只是第一个参数必须是 self。

大头，你总结得很好。在下一个单元，我们将以练习为主，通过 Python 编程模拟完成一个弹球游戏项目的编写。

单元十二
弹球游戏

大头，在上一单元中，我们接触了面向对象的编程，学习了如何创建一个类，如何通过类实例化一个对象。今天我们就用面向对象编程的方法编写一个弹球游戏。

弹球游戏，哇，我可以编写自己的游戏了。

嗯，是的。下面就正式开始弹球游戏开发吧。

12.1 游戏开发简介

大头，你玩过弹球游戏吗?

嗯，我之前在手机上面玩过这个游戏。

很好，既然玩过了，应该很熟悉这个游戏吧。那么能根据我们上一节课的知识，简单地说一下这个游戏有哪些类吗?

我觉得至少应该有小球类、球拍类。

非常好，能分析出这两个类非常棒。只有去认真地分析游戏，才能开发出游戏。分析游戏的过程，就是确定功能的过程。这是项目开发前必不可少的一步。

下图是弹球游戏的运行界面。在这个游戏中，总共需要创建两个类：小球类、球拍类。游戏运行流程如下：小球从游戏界面的任意位置开始运行，玩家通过键盘的左右按键移动球拍的位置，当小球碰到界面上边、左右两边或碰到球拍就反弹，当小球碰到下边时，游戏结束。

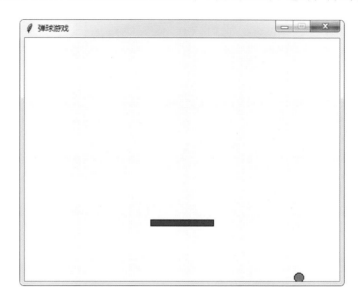

12.2 创建游戏界面

通过上一小节的分析，可以看到，弹球游戏需要一个图形化的控制界面。

这个不同于之前的猜拳游戏，猜拳游戏没有图形化界面。

是的。猜拳游戏是基于控制台完成的。现在我们就一起看看怎样创建一个游戏界面，程序如下。

```python
from tkinter import *
import tkinter
win = tkinter.Tk()
win.title(" 弹球游戏 ")
win.resizable(0,0)
win.wm_attributes("-topmost",1)
screen = Canvas(win,width=600,height=450,bd=0,
highlightthickness=0)
screen.pack()
win.update()
win.mainloop()
```

程序详解

第一行：使用 from…import 方式导入 tkinter 模块里面的所有类和方法。

第二行：使用 import 方式导入 tkinter 类。

第三行：实例化一个 Tk 对象，并赋值给变量 win，变量 win 就是一个界面。

第四行：使用 Tk 对象的 title 方法设置界面名字，程序运行后，可以在界面的左上角看到。

第五行：设置界面大小不可变。

第六行：设置界面在最底层，这样后面的小球和挡板才不会被遮挡。

第七、八行：设置窗体大小，宽为 600，高为 450。

第九行：按照前一行设置的宽度与高度调整界面大小。

第十行：初始化及更新设置。

第十一行：程序进入循环。

程序的运行效果如下图所示。

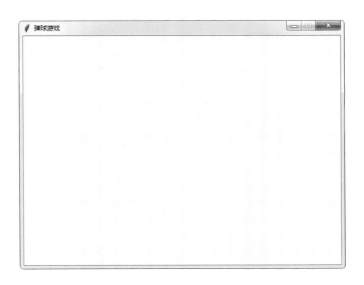

12.3 创建球拍类

 大头，在上面小节中，我们完成了游戏界面的创建，接下来，继续创建球拍类。你说说球拍类需要包含哪些属性和方法呢？

球拍类应该包含的属性有长度、宽度和颜色。球拍能够左右移动。

 嗯，对的，创建球拍类的完整代码如下。

```
class racket:
  def __init__(self,screen,color):
    self.screen = screen
    self.id = screen.create_rectangle(0,0,100,10,
```

```
fill = color)
    self.screen.move(self.id,250,300)
    self.x =0
    self.screen_width = self.screen.winfo_width()
    self.screen.bind_all('<KeyPress-Left>',
self.turn_left)
    self.screen.bind_all('<KeyPress-Right>',
self.turn_right)
  def draw(self):
    self.screen.move(self.id,self.x,0)
    pos =self.screen.coords(self.id)
    if pos[0] <=0:
      self.x = 0
    elif pos[2] >= self.screen_width:
      self.x =0
    def turn_left(self,evt):
      self.x =-2
    def turn_right(self,evt):
      self.x =2
```

程序详解

第一行：使用 class 关键字创建一个类名为 racket 的球拍类。

第二行：在函数 __init__ 里面添加 racket 的属性。

第三行：球拍应该出现在哪个界面上，在创建球拍对象时，把上一小节的创建好的界面传递过去。

第四、五行：球拍的宽度 100，高度 10,颜色在创建球拍对象时传递。

第六行：把球拍的坐标移到（250,300）位置。

第七行：设置球拍的 x 坐标为 0。

第八行：获取屏幕的宽度。

第九、十行：把 turn_left 函数绑定到左方向键上。

第十一、十二行：把 turn_right 函数绑定到方向键上。

第十三到十九行：定义 draw 函数，该函数的功能是控制球拍在 x 轴上面的运动。

第二十、二十一行：定义 turn_left 函数，该函数的功能是控制球拍向左运动。

第二十二、二十三行：定义 turn_right 函数，该函数的功能是控制球拍向右运动。

这样我们就完成了球拍类的创建，现在，创建一个球拍，运行下面的完整程序。

```python
from tkinter import *
import tkinter
win = tkinter.Tk()
win.title(" 弹球游戏 ")
win.resizable(0,0)
win.wm_attributes("-topmost",1)
screen = Canvas(win,width=600,height=450,bd=0,
highlightthickness=0)
screen.pack()
win.update()
class racket:
  def __init__(self,screen,color):
    self.screen = screen
    self.id = screen.create_rectangle(0,0,100,10,
fill = color)
    self.screen.move(self.id,250,300)
    self.x =0
    self.screen_width = self.screen.winfo_width()
    self.screen.bind_all('<KeyPress-Left>',
self.turn_left)
    self.screen.bind_all('<KeyPress-Right>',
self.turn_right)
  def draw(self):
    self.screen.move(self.id,self.x,0)
    pos =self.screen.coords(self.id)
    if pos[0] <=0:
      self.x = 0
    elif pos[2] >= self.screen_width:
      self.x =0
  def turn_left(self,evt):
```

```
        self.x =-2
    def turn_right(self,evt):
        self.x =2
racket = racket(screen,'blue')
win.mainloop()
```

程序的运行结果如下图所示，可以看到一个蓝色的长方形球拍已经出现在了游戏界面上。

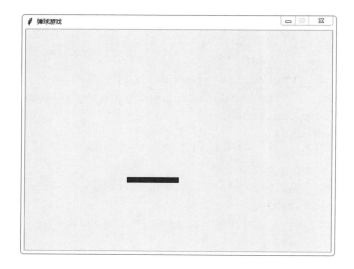

12.4 创建小球类

大头，接下来，我们要创建小球类，小球从球拍的上方开始运动，运动方向随机，当碰到游戏界面的上边沿、左边沿、右边沿和球拍时，小球反弹。

当小球碰到游戏界面的下边沿时，游戏结束。

是的，为了不让小球碰到下边沿，可以通过键盘的左右按键控制球拍的
左右移动来接住小球，创建小球的程序如下。

```python
class Ball:
  def __init__(self,screen,paddle,color):
    self.screen = screen
    self.paddle = paddle
    self.id = screen.create_oval(10,10,25,25,
fill = color)
    self.screen.move(self.id,300,100)
    starts = [-3,-2,-1,1,2,3]
    random.shuffle(starts)
    self.x = starts[0]
    self.y = -2
    self.screen_height = self.screen.winfo_height()
    self.screen_width = self.screen.winfo_width()
    self.hit_bottom =False
  def hit_racket(self,pos):
    screen_pos = self.screen.coords(self.paddle.id)
    if pos[2] >= screen_pos[0] and pos[0] <=screen_pos[2]:
      if pos[3] >=screen_pos[1] and pos[3] <= screen_pos[3]:
          return True
    return False
  def draw(self):
    self.screen.move(self.id,self.x,self.y)
    pos = self.screen.coords(self.id)
    if pos[1] <=0:
      self.y=2
    if pos[3] >=self.screen_height:
      self.hit_bottom = True
      print("你输了!")
    if self.hit_racket(pos) == True:
      self.y = -2
    if pos[0] <=0:
```

```
        self.x = 2
    if pos[2] >= self.screen_width:
        self.x = -2
```

程序详解

第一行：定义 Ball 类。

第二到十四行：给 Ball 类添加属性。

第五、六行：左上角坐标 (10,10), 右下角坐标 (25,25)，填充红色。

第七行：把小球形移到坐标 (300,100) 的位置。

第八行：用一个列表随机一个小球的初始横向 x 坐标。

第九行：利用 shuffle 函数使 starts 列表混排，这样 starts[0] 就是列表中的随机值。

第十行：设置垂直方向的运动速度。

第十一行：初始竖直方向运动的速度。

第十二行：调用画布上的 winfo_height 函数来获取画布当前的高度。

第十三行：保证小球不会从屏幕的两边消失，把画布的宽度保存到一个新的对象变量 screen_width 中。

第十四行：设置碰到底部状态为 False。

第十五行：定义 hit_racket，处理小球碰到球拍。

第十六到二十行：得到拍子的坐标，并把它们放到变量 paddle_pos 中，pos[2] 包含了小球的右侧 x 坐标，pos[0] 包含了小球左侧的 x 坐标。

第二十一到三十四行：定义 draw 函数，处理小球运动与边沿碰撞。

这样就完成了小球类的创建，大头，你尝试创建一个小球对象在游戏界面上。

好的，完整的程序如下。

```
from tkinter import *
import tkinter
import random
win = tkinter.Tk()
```

```
win.title(" 弹球游戏 ")
win.resizable(0,0)
win.wm_attributes("-topmost",1)
screen = Canvas(win,width=600,height=450,bd=0,
highlightthickness=0)
screen.pack()
win.update()
class racket:
  def __init__(self,screen,color):
    self.screen = screen
    self.id = screen.create_rectangle(0,0,100,10,
fill = color)
    self.screen.move(self.id,250,300)
    self.x =0
    self.screen_width = self.screen.winfo_width()
    self.screen.bind_all('<KeyPress-Left>',
self.turn_left)
    self.screen.bind_all('<KeyPress-Right>',
self.turn_right)
  def draw(self):
    self.screen.move(self.id,self.x,0)
    pos =self.screen.coords(self.id)
    if pos[0] <=0:
      self.x = 0
    elif pos[2] >= self.screen_width:
      self.x =0
  def turn_left(self,evt):
    self.x =-2
  def turn_right(self,evt):
    self.x =2
class Ball:
  def __init__(self,screen,paddle,color):
    self.screen = screen
    self.paddle = paddle
    self.id = screen.create_oval(10,10,25,25,fill = color)
```

```
        self.screen.move(self.id,300,100)
        starts = [-3,-2,-1,1,2,3]
        random.shuffle(starts)
        self.x = starts[0]
        self.y = -2
        self.screen_height = self.screen.winfo_height()
        self.screen_width = self.screen.winfo_width()
        self.hit_bottom =False
    def hit_racket(self,pos):
        screen_pos = self.screen.coords(self.paddle.id)
        if pos[2] >= screen_pos[0] and pos[0]
<=screen_pos[2]:
            if pos[3] >=screen_pos[1] and pos[3]
<= screen_pos[3]:
                return True
        return False
    def draw(self):
        self.screen.move(self.id,self.x,self.y)
        pos = self.screen.coords(self.id)
        if pos[1] <=0:
            self.y=2
        if pos[3] >=self.screen_height:
            self.hit_bottom = True
            print("你输了!")
        if self.hit_racket(pos) == True:
            self.y = -2
        if pos[0] <=0:
            self.x = 2
        if pos[2] >= self.screen_width:
            self.x = -2
racket = racket(screen,'blue')
ball = Ball(screen,racket,'red')
win.mainloop()
```

运行程序，效果如下图所示。

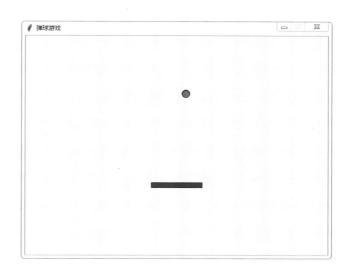

12.5 开始玩游戏

大头，我们已经完成了游戏界面、球拍和小球的创建，接下来就可以开始玩游戏了。

太棒了，弹球游戏就要完成了。

是的，到目前为止，小球还不能运动，球拍也不能控制。我们应该怎么办呢？

创建好小球与球拍对象后，在无限循环中调用小球运动与按键控制球拍的函数，让我来试试吧。完整的弹球游戏程序如下。

```
from tkinter import *
import tkinter
import random
import time
win = tkinter.Tk()
win.title(" 弹球游戏 ")
win.resizable(0,0)
win.wm_attributes("-topmost",1)
screen = Canvas(win,width=600,height=450,bd=0,
highlightthickness=0)
screen.pack()
win.update()
class racket:
  def __init__(self,screen,color):
    self.screen = screen
    self.id = screen.create_rectangle(0,0,100,10,
fill = color)
    self.screen.move(self.id,250,300)
    self.x =0
    self.screen_width = self.screen.winfo_width()
    self.screen.bind_all('<KeyPress-Left>',
self.turn_left)
    self.screen.bind_all('<KeyPress-Right>',
self.turn_right)
  def draw(self):
    self.screen.move(self.id,self.x,0)
    pos =self.screen.coords(self.id)
    if pos[0] <=0:
      self.x = 0
    elif pos[2] >= self.screen_width:
      self.x =0
  def turn_left(self,evt):
    self.x =-2
  def turn_right(self,evt):
    self.x =2
class Ball:
  def __init__(self,screen,paddle,color):
    self.screen = screen
```

```
    self.paddle = paddle
    self.id = screen.create_oval(10,10,25,25,
fill = color)
    self.screen.move(self.id,300,100)
    starts = [-3,-2,-1,1,2,3]
    random.shuffle(starts)
    self.x = starts[0]
    self.y = -2
    self.screen_height = self.screen.winfo_height()
    self.screen_width = self.screen.winfo_width()
    self.hit_bottom =False
  def hit_racket(self,pos):
    screen_pos = self.screen.coords(self.paddle.id)
    if pos[2] >= screen_pos[0] and pos[0]
<=screen_pos[2]:
        if pos[3] >=screen_pos[1] and pos[3]
<= screen_pos[3]:
            return True
    return False
  def draw(self):
    self.screen.move(self.id,self.x,self.y)
    pos = self.screen.coords(self.id)
    if pos[1] <=0:
      self.y=2
    if pos[3] >=self.screen_height:
      self.hit_bottom = True
      print("你输了!")
    if self.hit_racket(pos) == True:
      self.y = -2
    if pos[0] <=0:
      self.x = 2
    if pos[2] >= self.screen_width:
      self.x = -2
racket = racket(screen,'blue')
ball = Ball(screen,racket,'red')
while True:
  if ball.hit_bottom ==False:
```

```
    ball.draw()
    racket.draw()
  else:
    break
  screen.update_idletasks()
  screen.update()
  time.sleep(0.01)
screen.mainloop()
```

程序详解

第一到四行：导入需要的模块。

第五到十二行：创建游戏界面。

第十三到三十五行：定义 racket 球拍类。

第三十六到七十一行：定义 Ball 小球类。

第七十二行：创建球拍对象。

第七十三行：创建小球对象。

第七十四到八十二行：进入无限循环，不断刷新游戏界面，在循环中调用小球运动和按键控制球拍运动的函数，不断检测判断小球是否碰到底部，如果碰到底部则退出游戏，并在控制台输出"你输了"字符串。

第八十三行：调用界面主循环函数。

嗯，非常好，我刚刚测试了你的程序，程序的逻辑流程控制得非常好，特别是还增加了 0.01s 的等待，为什么要添加这个等待时间呢？

因为我试过了如果不添加等待时间，小球很快就会碰到下边沿，玩家根本来不及控制球拍，完全没有可玩性。添加了这个等待时间后，小球运动速度适中，玩家也有时间控制球拍去接小球。

大头想得很周到，非常好！

小试牛刀

大头，弹球游戏的程序编写完成了，你觉得游戏还有什么可以优化的地方吗？

这个小游戏很好玩啊，我暂时还没发现哪些地方可以优化，可能要多玩一会儿才会发现吧。

那爸爸告诉你一个可以优化的地方，现在这个游戏只有一个小球，能不能生成两个小球呢？

哇，可以这样吗？我马上编程试试看……我的程序完成了，有两个地方需要修改。

一是在创建小球的下面，添加如下一行程序，创建第二个小球 balla，第一个小球是红色的，为了区分把第二个小球设置为蓝色。

```
balla = Ball(screen,racket,'blue')
```

二是修改主程序 while True 下面的程序。

```
if ball.hit_bottom ==False:
    ball.draw()
    racket.draw()
```

修改后的程序如下。

```
if (ball.hit_bottom ==False and balla.hit_bottom
==False):
    ball.draw()
    balla.draw()
    racket.draw()
```

小小总结

大头，学完这一单元，Python 基础就基本学完了，你觉得收获大吗？

收获很大啊，Python 很有趣，我还要继续深入学习 Python 编程语言。

嗯，很好。学习是一个长期的过程，学习编程更是如此。简要总结一下整个 Python 基础课程所学的知识吧。

好的，爸爸。

1. Python 的数据类型。
2. 输入输出语句、判断与循环语句。
3. 列表的用法。
4. 函数的定义与用法。
5. 类的创建与对象的实例化。

大头，总结得非常好，每个知识点都有很多内容哦。编程学习一定要多多动手练习。

附录 A Python 的安装与配置

Python 软件不仅能在 Linux 操作系统上运行，随着 Python 的发展，在 Windows 操作系统上也可以使用。目前在 Windows 操作系统中的版本已经更新到 3.7.3。下面介绍在 Windows 操作系统上的 Python 常用的安装方式。

Python 的官方网站网址为 https://www.python.org。可以从官网上下载与自己的计算机匹配的 Python 软件，与笔者计算机匹配的软件是 Python 3.7.3。

步骤 1　下载完成后，双击软件，弹出安装方式界面，如下图所示。这里单击【Customize installation】命令，开始自定义安装。

步骤 2　如下图所示，可以自定义安装需要的功能，这里选择默认。单击【Next】按钮，进入下一步。

步骤 3 如下图所示，继续对复选框保持默认选择。单击【Browse】按钮，然后选择安装路径，这里选择默认路径。单击【Install】按钮，开始安装。

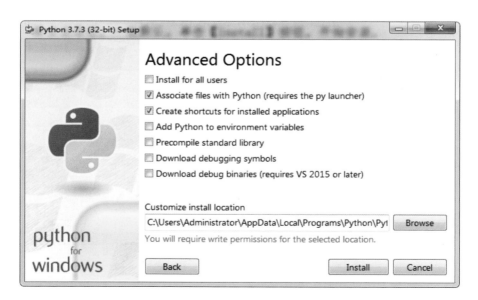

如下图所示，等待安装完成，一般一分钟左右即可完成安装。

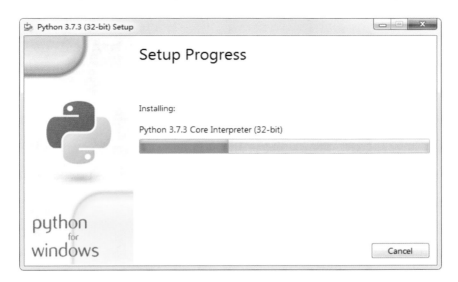

步骤 4　　如下图所示，软件安装成功。单击【Close】按钮，关闭当前窗口。

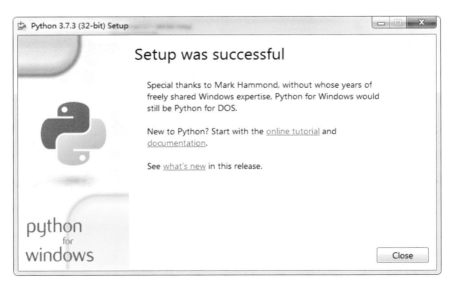

步骤 5 软件安装完成后还不能用，还需要配置环境变量。右击【此电脑／我的电脑】图标，如下图所示，然后选择【属性】选项。

步骤 6 弹出系统属性界面，如下图所示，单击【高级系统设置】按钮。

步骤 7 弹出【系统属性】对话框，切换到【高级】选项卡，然后单击【环境变量】按钮，如下图所示。

步骤 8　在【环境变量】对话框中，单击系统变量中的 Path，然后单击【编辑】按钮，如下图所示。

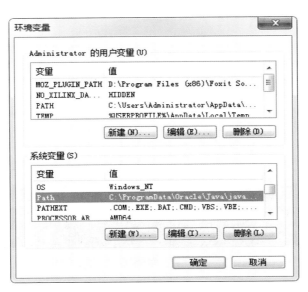

步骤 9　单击【新建】按钮，将 Python 安装路径填入环境变量列表，如下图所示。

步骤 10　完成后单击【确定】按钮，系统自动关闭当前对话框。注意，前面步骤弹出的对话框全部都需要单击【确定】按钮，以使修改生效。

步骤 11　验证环境变量设置。按【Win+R】组合键，输入"cmd"，然后按【Enter】键，如下图所示。

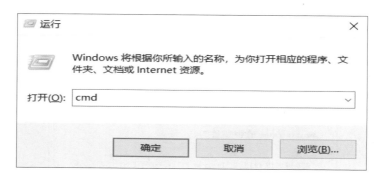

步骤 12　如下图所示，在命令行窗口输入 Python 命令。

在安装过程正常的情况下，在屏幕中会输出 Python 版本号、发布时间等信息，如下图所示。

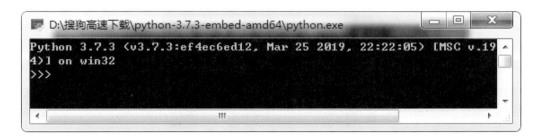

至此，Python 软件独立安装全部完成，可以看到程序栏中 Python 3.7 中出现了 IDLE 编辑器，就可以使用了。

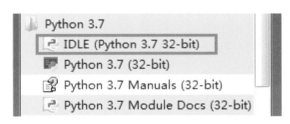

附录 B　专业词汇速查表

字符串 / 单词	中文翻译	字符串 / 单词	中文翻译
Python	蟒蛇	Turtle	海龟模块
File	文件	Import	导入模块
New	新的	Forward	前进
Save	保存	Hide	隐藏
Run	运行	Pen	笔
Module	模块	Left	左
Print	输出、打印	Circle	圆
Input	输入	Steps	步骤
Int	转化为整数类型数据	Color	颜色
Str	转化为字符串类型数据	Begin	开始
True	真	End	结束
False	假	Fill	填充
If	如果	Random	随机模块
Else	否则	Randint	随机整数
Elif	否则，如果	Choice	选择
For	就……而言	List	列表
In	在……里面	Append	添加

续表

字符串 / 单词	中文翻译	字符串 / 单词	中文翻译
Range	范围	Len	长度测量
While	当……的时候	Def	定义函数的关键字
Retur n	返回	Write	写
Open	打开	Break	打破
Close	关闭	Global	总体的
Read	读取	Self	自己
Try	尝试	Pass	过
Except	除……之外	Class	定义类的关键字
Exception	异常		